핀란드 초등
수학교 과서

LASK

4-1

초등학교 ＿＿＿＿＿ 학년 ＿＿＿＿＿ 반

이름 ＿＿＿＿＿＿＿＿＿＿＿＿＿＿＿＿＿＿＿

솔빛길

The original titles:

LASKUTAITO in English 4A

Text ©Risto Ilmavirta, Seppo Rikala, Ann-Mari Sintonen,
Markku Uus-Leponiemi, Tuula Uus-Leponiemi and WSOYpro Ltd.
First published by WSOY in Finland.

All rights reserved.
This Korean edition was published by Sol Bit Kil in 2011 by arrangement with WSOYpro Ltd.
through KCC(Korea Copyright Center Inc.), Seoul.

핀란드 초등수학교과서 Laskutaito 4-1

1판 1쇄 발행 2012년 2월 28일
1판 9쇄 발행 2024년 2월 1일

원작 | WSOY pro., Ltd
번역 | 양재욱, 도영 펴낸이 | 도영
펴낸 곳 | 솔빛길출판사 등록 | 제307-2011-29
편집 | 김석우, 이종열 교정 및 교열 | 나은수
감수 | 이용석 선생님(성신초등학교)
디자인 | 강다원, 이상민 마케팅 | 김영란
주소 | 서울시 마포구 동교로 142, 5층
전화 | 02-909-5517 Fax | 02-6013-9348
카페 | http://cafe.naver.com/finlandmath

ISBN | 978-89-967604-4-3 63410

• 책 가격은 뒤표지에 있습니다.
• 잘못된 책은 구입하신 곳에서 교환해드립니다.

* 책에 들어간 사진 이미지들의 저작권 표기는 책 뒤쪽에 있습니다.

차례

핀란드 초등 수학교과서 Laskutaito 4-1(A)을 펴내며

이 책은 현재 핀란드에서 수학 교과서로 사용하는 Laskutaito 시리즈를 번역 출간하는 책입니다. 이 책의 출판사인 WSOY사는 핀란드에서 현재 가장 큰 교과서 출판사입니다. 우리가 주목한 부분은 핀란드가 OECD 가입국가 중 가장 적은 시간을 수학에 투입하는데도 언제나 성취도(PISA 2003 1위, PISA 2009 2위)가 높고 또한 흥미도도 최상위를 유지한다는 것입니다. 한국도 PISA에서 2003 수학 2위, 2009 수학 1위를 차지했지만, 흥미도에서는 매우 낮은 순위에 머무르고 있습니다.

이 책은 흥미를 잃지 않고, 재미있게 수학을 공부할 수 있도록 각종 그림을 활용해서 자연스럽게 수학의 개념을 이해하게 하고 있으며, 공부의 과정에서 연산능력과 관찰력, 논리적 사고능력, 창의력, 자기 결정능력을 함께 추구하고 있습니다. 또한 뒤의 심화 학습 부분은 상당히 높은 난이도로 이루어져 있지만, 그냥 단순히 어려운 것이 아니라, 학생들의 깊은 사고력을 유도하고 있습니다.

이 책은 앞의 기본 과정과 숙제, 그리고 심화 학습으로 이루어져 있습니다. 각 단원의 기본과정을 끝내면 숙제가 있고, 그리고 맨 뒤에는 심화 학습으로 이루어져 있습니다. 또한 높은 성취도를 보이는 학생들을 위해서는 고난이도의 문제들이 수록되어 있는데 그러한 문제들 옆에는 여우 그림이 그려져 있습니다. 아직 수학의 기본 개념이 부족한 학생이라면 굳이 심화 학습과 여우 그림이 있는 고난이도의 문제를 풀지 않아도 됩니다. 기본 과정만으로도 수학에 대한 이해는 충분할 것입니다. 다만 수학을 좋아하고 도전 의식이 있는 학생은 심화 학습과 고난이도의 문제를 풀게 하십시오. 수학을 정말 좋아하게 될 것입니다.

책 속에 일부 내용은 한국의 상황과 맞지 않는 문제들이 있습니다. 예를 들면 문제를 풀고 뒤의 알파벳을 나열해 영어 단어를 만드는 문제나 유로화를 그대로 활용하는 문제들은 한국과는 맞지 않는 문제입니다. 그러나 요즘 학생들이 영어 알파벳 정도는 대부분이 알기도 하고 또 그것을 한글로 바꾸는 것이 매우 어렵기 때문에 그대로 책에 실었습니다. 유로화의 경우는 우리의 화폐 단위인 원으로 바꾸고 싶었지만, 그랬을 때 장난감이나 책의 가격이 8원, 10원 정도로 현실성 없는 문제가 발생하고, 현실에 맞게 가격을 바꾸면 학년에서 배우는 숫자의 범위와 맞지 않는 문제가 발생하여 부득이하게 그대로 유로화를 활용하게 되었습니다. 그런 부분에 대해서는 독자 여러분들의 넓은 이해를 바랍니다.

이 책으로 공부하면 즐겁게 수학을 접근하면서도 수학에 대한 기본적 개념과 이해가 자연스럽게 몸에 익게 될 것이라고 생각합니다. 이 핀란드 수학 교과서로 공부하는 모든 학생들이 수학을 즐길 수 있게 되기를 바랍니다.

1 덧셈과 뺄셈, 0~9999

1.
19 + 6 =

17 + 8 =

26 + 7 =

38 + 9 =

2.
16 − 9 =

24 − 8 =

32 − 7 =

61 − 9 =

3.
57 + 9 =

88 + 6 =

93 − 8 =

94 − 6 =

4.
231 + 9 =

458 + 4 =

677 + 7 =

905 + 8 =

5.
272 − 4 =

346 − 7 =

512 − 7 =

883 − 6 =

6.
26 + 12 =

34 + 35 =

43 + 34 =

25 + 52 =

7.
44 + 55 =

61 + 37 =

16 + 82 =

25 + 44 =

8.
57 − 16 =

69 − 25 =

77 − 56 =

89 − 43 =

9.
79 − 19 =

86 − 26 =

99 − 88 =

97 − 76 =

여행 상품
(가격/1인)

- 정글 탐험　　12€
- 카누 여행　　14€
- 일요 항해　　13€

10. 여자아이 2명이 정글 탐험을 하려면
　　돈을 얼마나 내야 합니까?

11. 남자아이 2명이 카누 여행을 하려면
　　돈을 얼마나 내야 합니까?

12. 어린이 3명이 일요 항해를 하려면
　　돈을 얼마나 내야 합니까?

13. 가족 3명이 정글 탐험을 하려면
　　돈을 얼마나 내야 합니까?

14. 할아버지가 일요 항해 표를 두 장 샀습니다.
　　할아버지가 40유로를 냈을 때 거스름돈은
　　얼마입니까?

15. 엄마가 정글 탐험 표를 4장 샀습니다.
　　엄마가 50유로를 냈을 때 거스름돈은
　　얼마입니까?

16. 아빠가 카누 여행 표를 3장 샀습니다.
　　아빠가 50 유로를 냈을 때 거스름돈은
　　얼마입니까?

이것만은 기억합시다.

이렇게도 풀 수 있습니다.
38 + 15 = 38 + 10 + 5

38 + 15 = 53

이렇게도 풀 수 있습니다.
42 − 25 = 42 − 20 − 5

42 − 25 = 17

1.
55 + 15 =
35 + 35 =
25 + 65 =
45 + 45 =
85 + 15 =

2.
26 + 15 =
37 + 15 =
48 + 25 =
59 + 25 =
60 + 35 =

3.
16 + 16 =
16 + 46 =
36 + 36 =
47 + 46 =
57 + 37 =

4.
41 − 13 =
51 − 23 =
61 − 22 =
71 − 42 =
91 − 62 =

5.
31 − 15 =
51 − 35 =
71 − 16 =
81 − 54 =
91 − 44 =

6.
32 − 13 =
43 − 25 =
64 − 26 =
74 − 48 =
94 − 37 =

7.
28 + 46 =
39 + 29 =
27 + 28 =
54 + 37 =
63 + 28 =

8.
59 − 19 =
67 − 38 =
78 − 29 =
97 − 58 =
88 − 29 =

9.
47 − 38 =
56 − 49 =
66 − 58 =
54 − 47 =
82 − 75 =

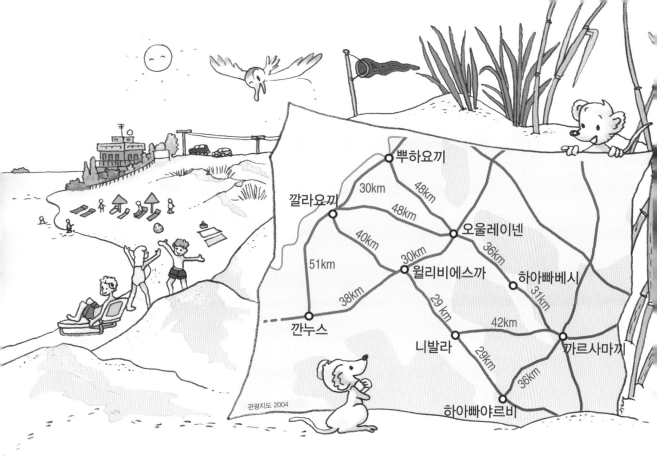

10. 가장 짧은 길은 거리가 얼마나 됩니까?

1) 뿌하요끼에서 깐누스까지

2) 깐누스에서 오울레이넨까지

3) 윌리비에스까에서 까르사마끼까지

4) 윌리비에스까에서 하아빠야르비까지

5) 깔라요끼에서 하아빠베시까지

6) 니발라에서 깐누스까지

7) 뿌하요끼에서 오울레이넨을 거쳐서
윌리비에스까까지

11. 여행길이 얼마나 더 멉니까?

1) 뿌하요끼에서 깔라요끼로 가는 길보다
뿌하요끼에서 오울레이넨까지 가는 길이
얼마나 더 멉니까?

2) 깔라요끼에서 오울레이넨으로 가는 길보다
깔라요끼에서 깐누스까지 가는 길이
얼마나 더 멉니까?

3) 깐누스에서 윌리비에스까로 가는 길보다
깐누스에서 깔라요끼까지 가는 길이
얼마나 더 멉니까?

4) 윌리비에스까에서 니발라로 가는 길보다
윌리비에스까에서 깐누스까지 가는 길이
얼마나 더 멉니까?

5) 니발라에서 윌리비에스까로 가는 길보다
니발라에서 까르사마끼까지 가는 길이
얼마나 더 멉니까?

7

덧셈에서 빈칸의 수 구하기

빈칸의 숫자는 무엇입니까?

$$8 + \underline{\quad} = 15 \qquad \underline{\quad} + 9 = 24$$

이렇게도 풀 수 있습니다.
15 − 8 = 7

이렇게도 풀 수 있습니다.
24 − 9 = 15

$$8 + 7 = 15 \qquad\qquad 15 + 9 = 24$$

밑줄에 알맞은 숫자를 쓰시오.

1. $7 + \underline{\quad} = 12$ 2. $12 + \underline{\quad} = 20$ 3. $17 + \underline{\quad} = 24$

    $6 + \underline{\quad} = 13$ $14 + \underline{\quad} = 21$ $18 + \underline{\quad} = 26$

    $8 + \underline{\quad} = 14$ $15 + \underline{\quad} = 21$ $19 + \underline{\quad} = 25$

    $9 + \underline{\quad} = 13$ $16 + \underline{\quad} = 22$ $19 + \underline{\quad} = 28$

4. $\underline{\quad} + 8 = 12$ 5. $\underline{\quad} + 6 = 20$ 6. $\underline{\quad} + 15 = 24$

    $\underline{\quad} + 9 = 15$ $\underline{\quad} + 8 = 23$ $\underline{\quad} + 19 = 27$

    $\underline{\quad} + 7 = 16$ $\underline{\quad} + 7 = 25$ $\underline{\quad} + 18 = 22$

    $\underline{\quad} + 9 = 14$ $\underline{\quad} + 9 = 27$ $\underline{\quad} + 16 = 23$

7. $22 + \underline{\quad} = 31$ 8. $45 + \underline{\quad} = 66$

    $24 + \underline{\quad} = 33$ $37 + \underline{\quad} = 78$

    $26 + \underline{\quad} = 35$ $52 + \underline{\quad} = 95$

    $28 + \underline{\quad} = 34$ $55 + \underline{\quad} = 100$

사아리야르비 석기 시대 마을

여름에 석기 시대 마을은 화요일부터 일요일까지 오전 10시부터 오후 5시까지 입장할 수 있습니다. 마을 안에서 여러분은 석기 시대의 사람들처럼 나뭇가지 두 개로 불을 피울 수도 있고, 통나무 배의 노를 저을 수도 있고, 돌도끼로 나무도 쪼개 볼 수 있고, 창던지기나 활쏘기를 해 볼 수도 있습니다. 가죽 망토를 입어 볼 수도 있습니다.

입장료	
• 어른	5€
• 어린이(4살~12살)	3.50€
• 노인	3.50€
• 가족	
-4명	15€
-추가로 한 명당	2.50€

※ 1유로(€)는 100센트(c) 입니다.

※ 사진은 서울 강동구 암사동 선사 유적지에서 촬영했습니다.

9. 석기 시대 마을이 문을 닫는 요일은 무슨 요일입니까?

10. 이 마을은 한 주 동안 몇 시간 문을 엽니까?

11. 어른 3명의 입장료는 모두 얼마입니까?

12. 어린이 3명의 입장료는 모두 얼마입니까?

13. 가족 6명의 입장료는 모두 얼마입니까?

14. 음식 1인분은 8유로입니다.
아빠는 4인분을 시켰습니다.
아빠가 40유로를 냈을 때 거스름돈은 얼마입니까?

15. 아이스크림 하나는 3.50유로입니다.
할머니는 아이스크림을 2개 샀습니다.
할머니가 10유로를 냈을 때 거스름돈은 얼마입니까?

뺄셈에서 빈칸의 수 구하기

빈칸의 숫자는 무엇입니까?

$$\underline{\hphantom{00}} - 5 = 9 \qquad\qquad 13 - \underline{\hphantom{00}} = 8$$

이렇게도 풀 수 있습니다.
9 + 5 = 14

$$14 - 5 = 9$$

이렇게도 풀 수 있습니다.
13 − 8 = 5

$$13 - 5 = 8$$

밑줄에 알맞은 숫자를 쓰시오.

1.	2.	3.
$\underline{\hphantom{00}} - 6 = 7$	$\underline{\hphantom{00}} - 2 = 19$	$\underline{\hphantom{00}} - 6 = 29$
$\underline{\hphantom{00}} - 5 = 6$	$\underline{\hphantom{00}} - 4 = 18$	$\underline{\hphantom{00}} - 9 = 26$
$\underline{\hphantom{00}} - 7 = 8$	$\underline{\hphantom{00}} - 4 = 17$	$\underline{\hphantom{00}} - 7 = 27$
$\underline{\hphantom{00}} - 9 = 7$	$\underline{\hphantom{00}} - 9 = 15$	$\underline{\hphantom{00}} - 8 = 29$

4.	5.	6.
$14 - \underline{\hphantom{00}} = 8$	$22 - \underline{\hphantom{00}} = 17$	$20 - \underline{\hphantom{00}} = 9$
$15 - \underline{\hphantom{00}} = 7$	$21 - \underline{\hphantom{00}} = 15$	$21 - \underline{\hphantom{00}} = 7$
$16 - \underline{\hphantom{00}} = 9$	$24 - \underline{\hphantom{00}} = 19$	$25 - \underline{\hphantom{00}} = 9$
$17 - \underline{\hphantom{00}} = 9$	$26 - \underline{\hphantom{00}} = 18$	$24 - \underline{\hphantom{00}} = 8$

7.	8.
$\underline{\hphantom{00}} - 12 = 20$	$32 - \underline{\hphantom{00}} = 18$
$\underline{\hphantom{00}} - 14 = 30$	$45 - \underline{\hphantom{00}} = 27$
$\underline{\hphantom{00}} - 13 = 31$	$53 - \underline{\hphantom{00}} = 36$
$\underline{\hphantom{00}} - 15 = 34$	$61 - \underline{\hphantom{00}} = 48$

개 훈련장

자전거 빌려 드립니다.

경주용 자전거

하루	8€
1주일	45€

산악용 자전거

하루	12€
1주일	60€

2인용 자전거

하루	15€
1주일	72€

운반차　　하루　7€, 1주일　45€

9. 맞는 것에는 '참'을, 틀린 것에는 '거짓'을 쓰시오.

1) 산악용 자전거를 하루 빌리는 것이
경주용 자전거를 하루 빌리는 것보다
더 비싸다.

2) 산악용 자전거를 하루 빌리는 것보다
2인용 자전거를 하루 빌리는 것이 더 싸다.

3) 경주용 자전거를 2일 동안 빌리면
16유로이다.

4) 산악용 자전거를 3일 동안 빌리려면
36유로가 필요하다.

5) 2인용 자전거를 3일 동안 빌리려면
35유로가 필요하다.

6) 산악용 자전거와 운반차를 1주일 동안
빌리려면 105유로가 필요하다.

7) 2인용 자전거를 1주일 동안 빌리는 것이
산악용 자전거를 1주일 동안 빌리는 것보다
12유로 더 비싸다.

8) 경주용 자전거를 1주일 동안 빌리는 것이
산악용 자전거를 1주일 빌리는 것보다
15유로 더 비싸다.

9) 경주용 자전거 2대를 1주일 동안 빌리려면
90유로가 필요하다.

10) 경주용 자전거 2대를 1주일 동안 빌리는
것이 2인용 자전거 1대를 1주일 동안 빌리는
것보다 더 싸다.

11) 산악용 자전거를 하루 단위로 5일 동안
빌리는 것과 1주일 동안 빌리는
가격은 같다.

12) 경주용 자전거를 1주일 동안 빌리는 것이
산악용 자전거를 하루 단위로 4일 동안
빌리는 것보다 더 싸다.

문제를 해결하는 과정과 방법

1. 문제를 꼼꼼히 읽습니다.
2. 문제의 중요한 부분에 밑줄을 긋습니다.
3. 이미 알고 있는 것들을 생각합니다.
   주어진 그림을 잘 봅니다.
4. 모르는 것들을 써 봅니다.
   즉, 계산할 것들을 쓰는 겁니다.
   이때 계산의 단위를 정확히 써야 합니다.
5. 문제를 풉니다.
6. 답을 쓰고 계산의 단위를 정확히 씁니다.

예제) 마이클의 집에서 할머니댁까지는 66km입니다. 그들은 40km를 간 상태입니다. 할머니 댁까지 몇 km 남아 있습니까?

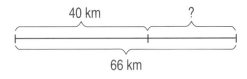

식 : 66km－40km

답 : 26km

---

1. 위바스낄라에서 까르스뚤라까지는 100km입니다. 엄마는 65km를 운전했습니다. 몇 km를 더 가야합니까?

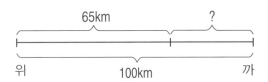

식 :

답 :

2. 꼭꼴라에서 바아사까지는 120km입니다. 피터는 바아사에서 40km 떨어진 곳에 있습니다. 그는 꼭꼴라에서 얼마나 떨어져 있습니까?

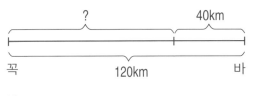

식 :

답 :

3. 헬싱키에서 라흐띠까지는 110km이고, 라흐띠에서 위바스낄라까지는 170km입니다. 헬싱키에서 라흐띠를 경유해서 위바스낄라까지의 거리는 몇 km입니까?

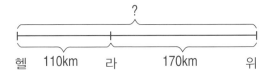

식 :

답 :

4. 꼭꼴라에서 위바스낄라까지는 240km이고 꼭꼴라에서 바아사까지는 120km입니다. 꼭꼴라에서 바아사까지의 거리보다 꼭꼴라에서 위바스낄라까지의 거리가 얼마나 더 멉니까?

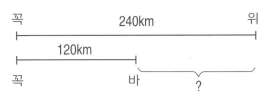

식 :

답 :

5. 에이미는 월요일에 책을 30쪽 읽고,
화요일에는 38쪽을 읽었습니다.
그래서 읽어야 할 책이 60쪽 남았습니다.
에이미의 책은 모두 몇 쪽입니까?

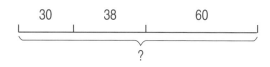

식 :

답 :

6. 오스카의 책은 120쪽입니다. 그는 토요일에
40쪽을 읽고, 일요일에 25쪽을 읽었습니다.
다 읽으려면 몇 쪽을 더 읽어야 합니까?

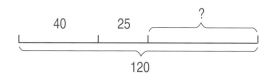

식 :

답 :

7. 가족 앨범에는 사진이 145장 있습니다.
여행하면서 찍은 것은 70장, 취미에 관련된
것은 50장, 나머지는 할머니 댁에서 찍은
것입니다. 할머니 댁에서 찍은 사진은
모두 몇 장입니까?

식 :

답 :

8. 필름 한 통은 6유로입니다. 아빠는 2통을
샀습니다. 20유로를 냈다면 받아야 할
거스름돈은 얼마입니까?

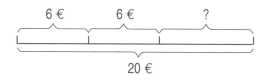

식 :

답 :

이것만은 기억합시다.

덧셈을 할 때

```
  1 1 1
    9 7 9
+ 3 0 5 5
---------
  4 0 3 4
```

뺄셈을 할 때

```
  2 13 15
  2 3̶ 4̶ 5
- 1 2 5 9
---------
  1 0 8 6
```

1.
```
  2 6 6 9
+ 5 8 3 7
---------
```

2.
```
  3 6 4 8
+ 5 4 2 8
---------
```

3.
```
  7 9 7 5
+   7 6 5
---------
```

4.
```
    9 5 5
    9 0 7
+ 6 3 6 4
---------
```

5.
```
    9 0 7
  8 6 4 5
+   4 2 4
---------
```

6.
```
  4 0 8 8
  2 0 5 8
+ 3 0 0 4
---------
```

7.
```
  7 4 0 9
- 2 3 8 4
---------
```

8.
```
  9 6 0 8
- 4 8 5 3
---------
```

9.
```
  6 6 6 6
-   8 8 0
---------
```

10.
```
  7 5 4 1
- 2 6 8 4
---------
```

11.
```
  8 5 5 7
- 2 8 8 1
---------
```

12.
```
  9 7 2 9
- 3 7 8 1
---------
```

공책에 연습하기

각각의 문제들을 풀기 위한 식을 써 보시오.

1. 한 가족이 강아지를 샀습니다. 강아지의 가격은 890유로이고
   강아지 운반비로 130유로가 들었습니다.
   강아지의 가격과 운반비의 합은 모두 얼마입니까?

$$
\begin{array}{ll}
1. & 890€ + 130€ \\
15쪽 & \\
& \quad\ \ 1 \\
& \quad\ 890 \\
& +130 \\
\hline
& 1020 \qquad 답: 1020€
\end{array}
$$

2. 레오네가 강아지를 샀습니다.
   강아지의 가격은 750유로이고
   강아지 운반비로 125유로가 들었습니다.
   강아지의 가격과 운반비의 합은 모두
   얼마입니까?

3. 강아지가 동물 병원에서 진료를 받으려면
   45유로가 듭니다. 아빠가 100유로를
   냈다면 거스름돈을 얼마나 받아야 합니까?

4. 에릭은 9월에 그의 개와 240km를 뛰었고,
   10월엔 250km, 11월엔 225km를
   뛰었습니다. 에릭이 석 달 동안 그의
   개와 함께 뛴 거리는 모두 몇 km입니까?

5. 엠마, 사이먼, 그리고 오스카의 강아지들의
   몸무게는 모두 합해서 7900g입니다.
   엠마의 강아지는 2500g, 사이먼의
   강아지는 2600g입니다.
   오스카의 강아지 몸무게는 얼마입니까?

이것만은 기억합시다.

100을 10개의 10으로 바꾸어 생각
하세요. 10을 9개 남기고 1개를
일의 자리에 놓고 뺄셈을 하시오.

1000을 10개의 100으로 바꾸어
생각하시오. 100을 9개 남기고
100 1개를 십의 자리에 놓으시오.
10을 9개 남기고 1개를
일의 자리에 놓고 뺄셈을 하시오.

```
   3  9 12
   4  0  2
-  1  6  5
   2  3  7
```

```
   7  9  9 13
   8  0  0  3
-     9  5  5
   7  0  4  8
```

1.
```
   9 0 1
-  2 2 3
```

2.
```
   8 0 6
-    9 9
```

3.
```
   6 0 0
-  4 8 9
```

4.
```
   5 0 2 7
-  1 6 3 4
```

5.
```
   6 1 0 4
-    4 2 6
```

6.
```
   7 0 2 2
-  1 3 4 4
```

7.
```
   6 0 0 3
-  3 3 4 4
```

8.
```
   7 0 0 4
-  1 9 9 9
```

9.
```
   9 0 0 2
-  2 1 1 6
```

10.
```
   9 0 0 6
-  8 9 9 7
```

11.
```
   8 0 0 0
-  4 5 4 4
```

12.
```
   7 0 0 1
-  5 7 6 6
```

16

북유럽의 수도

나라	수도	수도로 정해진 연도
핀란드	헬싱키	1550
덴마크	코펜하겐	1254
노르웨이	오슬로	1624
아이슬란드	레이캬비크	1786
스웨덴	스톡홀름	1250

공책에 연습하기

각각의 문제들에 대한 식을 쓰고 푸시오.

6. 스톡홀름이 오슬로보다 몇 년 전에 세워졌습니까?

7. 코펜하겐이 헬싱키보다 얼마나 더 오래 되었습니까?

8. 2000년에 레이캬비크는 세워진 지 얼마나 되었습니까?

9. 헬싱키에서 무르만스크까지는 비행기로 1009km이고, 헬싱키에서 코펜하겐까지는 890km입니다. 헬싱키에서 무르만스크로가 코펜하겐보다 몇 km 더 떨어져 있습니까?

10. 헬싱키에서 레이캬비크까지 왕복 비행기 표 값은 550유로입니다. 호텔의 하루 숙박비는 140유로입니다. 비행기 표 값과 호텔에 이틀 동안 머무르는 숙박비의 합은 모두 얼마입니까?

1. 819 + 3817

4. 2798 + 5609 − 1529

2. 9001 − 1235

5. 9003 − 888 − 1339

3. 9000 − 3322

6. 9119 − 7887 + 6768

헬싱키와 위바스낄라 간의 기차 여행에 걸리는 시간

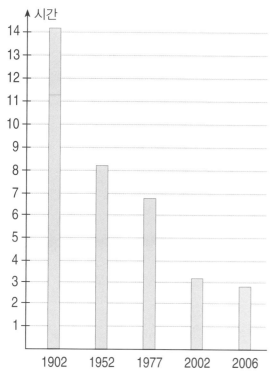

오리베시–얌사 철도는 1978년에 개통되었다.

7. 막대그래프를 보고 맞으면 '참'을, 틀리면 '거짓'을 쓰시오.

1) 2002년에서 100년 전에는 헬싱키와 위바스낄라 간의 기차 여행이 14시간 넘게 걸렸습니다.

2) 1952년에 헬싱키와 위바스낄라 간의 기차 여행은 8시간이 걸리지 않았습니다.

3) 2002년의 헬싱키와 위바스낄라 간 기차 여행은 100년 전에 비해 10시간 이상 단축되었습니다.

4) 2002년의 헬싱키와 위바스낄라 간의 기차 여행은 1952년에 걸렸던 시간보다 절반 이상 단축되었습니다.

공책에 연습하기

문제에 대한 식을 써 보시오.

11. DC-9항공기 한 대에는 승객들을 126명 태울 수 있습니다. 펜돌리노 기차 한 대에는 309명의 승객들을 태울 수 있습니다. 펜돌리노 기차 한 대에는 DC-9항공기 두 대보다 승객을 몇 명 더 태울 수 있습니까?

12. 헬싱키와 위바스낄라까지 도로는 271km이고 철도는 342km입니다. 왕복 여행을 할 때 자동차로 여행하는 것보다 기차로 여행하는 것이 거리가 얼마나 더 멉니까?

다음은 어린이들이 키우고 싶은 애완동물에 대한 투표 결과입니다. 어린이들이 어떤 애완동물을 키우고 싶은지 고양이, 강아지, 돼지쥐, 도마뱀, 앵무새 중에서 투표를 했습니다.

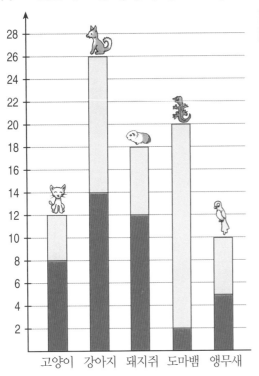

██ 여자 어린이
☐ 남자 어린이

1. 가장 많은 어린이들이 가장 키우고 싶어 하는 애완동물은 무엇입니까?

1) 여자 어린이

2) 남자 어린이

2. 가장 적은 어린이들이 키우고 싶어 하는 애완동물은 무엇입니까?

1) 여자 어린이

2) 남자 어린이

3. 얼마나 더 많이 투표했습니까?

1) 고양이를 키우고 싶어 하는 여자 어린이는 남자 어린이보다 몇 명 더 많습니까?

2) 강아지를 키우고 싶어 하는 여자 어린이는 남자 어린이보다 몇 명 더 많습니까?

4. 다음 물음에 답하시오.

1) 여자 어린이들이 남자 어린이들보다 도마뱀에 대해 얼마나 더 적게 투표했습니까?

2) 돼지쥐를 키우고 싶어 하는 남자 어린이는 여자 어린이보다 몇 명 더 적습니까?

5. 남자 어린이들과 여자 어린이들에게 같은 수의 표를 얻은 애완동물은 무엇입니까?

6. 투표에 참여한 어린이들은 모두 몇 명입니까?

1) 여자 어린이

2) 남자 어린이

어린이들이 자신들의 교복에 넣기를 원하는 동물들을 뽑기 위해 투표했습니다.

	곰	스라소니	물개	개	호랑이	독수리
남자 어린이	15	13	3	13	14	9
여자 어린이	7	8	19	17	8	3
합						

7. 투표한 내용에 따라서 막대그래프를 그리시오. 여자 어린이는 빨간색으로 밑에서부터 숫자만큼 색칠하고, 남자 어린이는 그 위에 파란색으로 숫자만큼 색칠하시오.

8. 어떤 동물이 가장 많은 표를 얻었습니까?

1) 여자 어린이

2) 남자 어린이

3) 남자 어린이와 여자 어린이의 합

9. 어떤 동물이 가장 적은 표를 얻었습니까?

1) 여자 어린이

2) 남자 어린이

3) 남자 어린이와 여자 어린이의 합

꺾은선그래프

몸무게나 온도와 같이 연속으로 변화하는
양을 점으로 찍고 그 점들을 연결하는 그래프를
꺾은선그래프라고 합니다.

꾸오피오의 한 주 동안의 기온

월	화	수	목	금	토	일
10°C	8°C	6°C	10°C	13°C	12°C	14°C

기온은 그래프에 점들로 표시되어 있고 점들은
선분으로 연결되어 있습니다.

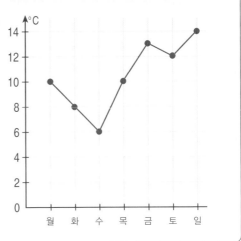

꾸오피오의 한 주 동안의 기온

1. 그래프를 보고 물음에 답하시오.

1) 일주일 중 기온이 가장 높은 요일과
온도를 쓰시오.

2) 일주일 중 기온이 가장 낮은 요일과
온도를 쓰시오.

2. 어느 요일이 전날보다 기온이 가장 크게
상승했습니까?

3. 어느 요일이 전날보다 기온이 가장 크게
하락했습니까?

4. 표에 있는 곰들의 숫자를 꺾은선그래프로
그리시오.

연도	곰의 수
1998	795
1999	845
2000	850
2001	840
2002	830

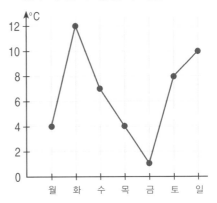

오울루의 한 주 동안의 기온

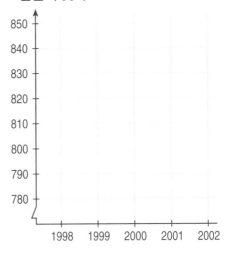

곰들의 숫자

5. 표에 있는 핀란드의 늑대들 숫자와
   울버린(족제비과의 가장 큰 동물)들의 숫자를
   꺾은선그래프로 그리시오. 늑대는 파란색으로,
   울버린은 빨간색으로 표시하시오.

핀란드 늑대들의 숫자와 울버린들의 숫자

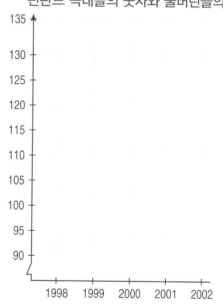

연도	늑대	울버린
1998	95	120
1999	100	125
2000	130	115
2001	125	120
2002	135	125

6. 다음 물음에 답하시오.

1) 늑대와 울버린의 수가 가장 적은 차이를
   보이는 해는 어느 해입니까?

2) 늑대와 울버린의 수가 가장 큰 차이를
   보이는 해는 어느 해입니까?

7. 다음 물음에 답하시오.

1) 어느 해에 늑대들의 숫자가 전년도에 비해
   감소했습니까?

2) 어느 해에 늑대들의 숫자가 전년도에 비해
   가장 크게 증가했습니까?

8. 어느 해에 울버린들의 숫자가 전년도에
   비해 감소했습니까?

공책에 연습하기

13. 표에 나타난 뚜르꾸의 한 주 동안의
    날씨 변화를 꺾은선그래프로
    그리시오.

월	화	수	목	금	토	일
7 °C	10 °C	15 °C	9 °C	16 °C	14 °C	12 °C

스스로 해 보기

다람쥐

- 몸통 길이 : 25cm
- 꼬리 길이 : 18cm
- 어른 다람쥐의 몸무게 : 400g
- 새끼 다람쥐의 몸무게 : 20g

고슴도치

- 몸통 길이 : 30cm
- 어른 고슴도치의 몸무게 : 900g
- 새끼 고슴도치의 몸무게 : 30g
- 가시 수: 6000개

1. 주어진 정보들을 이용해서 문장으로 응용 문제를 2개 만드시오.
그리고 각각의 식을 쓰고 문제를 푸시오.

문제 :

식 :

답 :

문제 :

식 :

답 :

주어진 정보들을 읽고, 그 정보를 이용하여 풀 수 있는 문제에 (✓) 표시를 하시오.
대답할 수 있는 문제에는 답을 하시오.

들쥐의 몸통 길이는 6cm입니다.
꼬리 길이는 몸통 길이와 같습니다.
보르네오에 사는 여우원숭이는
몸통 길이가 12cm이고,
꼬리 길이가 25cm입니다.
여우원숭이의 몸무게는
들쥐의 몸무게보다 110g
더 무겁습니다.

수컷 아프리카 코끼리는
몸무게가 약 6톤입니다.
암컷은 수컷보다 2톤
더 가볍습니다.
새끼 코끼리는 태어날 때
110kg입니다.
어른 코끼리는
하루에 225kg의
식물을 먹을 수 있고,
한 번에 130L의 물을
마실 수 있습니다.

2. 들쥐 몸의 전체 길이는 몇 cm입니까?

대답할 수 있다.   대답할 수 없다.

답 :

3. 여우원숭이의 꼬리는 몸통 길이보다
얼마나 더 깁니까?

대답할 수 있다.   대답할 수 없다.

답 :

4. 들쥐의 몸무게는 얼마나 됩니까?

대답할 수 있다.   대답할 수 없다.

답 :

5. 여우원숭이 몸의 전체 길이는 얼마나 됩니까?

대답할 수 있다.   대답할 수 없다.

답 :

6. 암컷 코끼리는 몇 kg입니까?

대답할 수 있다.   대답할 수 없다.

답 :

7. 어른 코끼리는 2일 동안 몇 kg의 식물을
먹을 수 있습니까?

대답할 수 있다.   대답할 수 없다.

답 :

8. 새끼 코끼리는 한번에 몇L의 물을
마실 수 있습니까?

대답할 수 있다.   대답할 수 없다.

답 :

9. 암컷 코끼리의 키는 몇 cm입니까?

대답할 수 있다.   대답할 수 없다.

답 :

각각의 모양이 뜻하는 숫자를 찾으시오. 그리고 아래의 빈칸에 알맞은 숫자를 쓰시오.

1.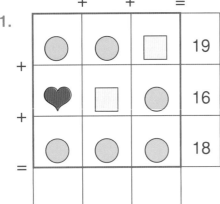

+	+	=	
●	●	□	19
♥	□	●	16
●	●	●	18

2.

□	□	⬠	17
□	●	□	11
⬠	⬠	⬠	27

3.

☆	♥	△	22
▽	♥	△	11
▽	♥	▽	9
♥	♥	▽	12

4.

○	■	■	18
○	■	⬠	17
○	■	○	15
○	♥	⬠	18

5.

★	○	■	21
○	■	○	19
★	♥	■	18
○	○	○	21

6.

●	●	△	11
△	△	●	10
■	△	■	13
■	△	△	11

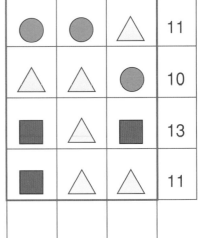

26

7. 다음의 형태를 같은 크기와 같은 모양의 3조각으로 나누시오.

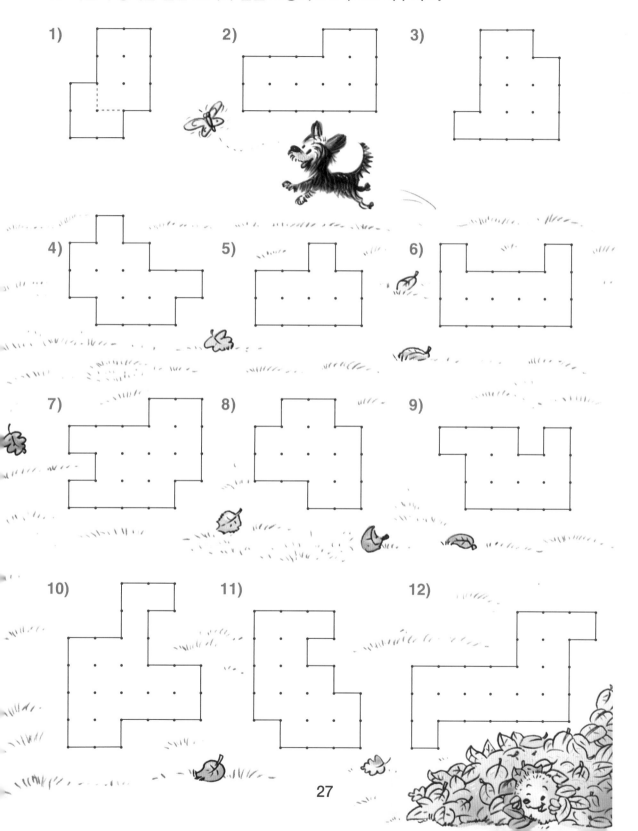

1. 18 + 7 =

   16 + 9 =

   14 + 8 =

   19 + 5 =

3. 13 − 6 =

   15 − 8 =

   18 − 9 =

   17 − 9 =

5. 쌓기나무의 개수를 쓰시오.

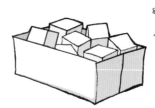

노란색 쌓기나무와 파란색 쌓기나무는
모두 합해서 16개입니다.
파란색 쌓기나무는 노란색 쌓기나무보다
6개가 더 많습니다.

파란색 쌓기나무는 몇 개입니까?

노란색 쌓기나무는 몇 개입니까?

2. 24 + 7 =

   36 + 8 =

   47 + 7 =

   58 + 9 =

4. 32 − 5 =

   44 − 7 =

   63 − 9 =

   75 − 7 =

1. 15 + 18 =

   14 + 17 =

   26 + 27 =

   28 + 34 =

3. 22 − 16 =

   25 − 18 =

   37 − 29 =

   34 − 27 =

5. 쌓기나무의 개수를 쓰시오.

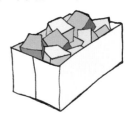

파란색 쌓기나무와 초록색 쌓기나무
그리고 갈색 쌓기나무를 모두 합하면
25개입니다. 파란색 쌓기나무는
7개입니다. 초록색 쌓기나무와
갈색 쌓기나무의 개수는 같습니다.

초록색 쌓기나무는 몇 개입니까?

2. 35 + 37 =

   46 + 48 =

   57 + 29 =

   69 + 24 =

4. 51 − 36 =

   62 − 48 =

   74 − 59 =

   83 − 66 =

1.

6 + ___ = 14

8 + ___ = 12

9 + ___ = 16

7 + ___ = 15

2.

25 + ___ = 30

27 + ___ = 31

36 + ___ = 43

59 + ___ = 66

3.

___ + 13 = 22

___ + 15 = 24

___ + 16 = 23

___ + 18 = 25

4.

52 + ___ = 64

55 + ___ = 77

54 + ___ = 85

61 + ___ = 74

5. 다음에 주어진 정보를 가지고 무슨 수인지 알아내시오.

1)
- 이 수는 네 자리의 수입니다.
- 맨 앞자리와 맨 뒷자리의 수가 같습니다.
- 이 수는 1400보다는 크고 1500보다는 작습니다.
- 이 수는 뒤에서부터 읽어도 똑같은 수입니다.

2)
- 이 수는 100보다 작은 수입니다.
- 각 자릿수의 합은 15입니다.
- 이 수는 거꾸로 뒤집어 놓고 읽어도 똑같은 수입니다.
- 이 수는 홀수입니다.

1.

12 − ___ = 8

13 − ___ = 6

15 − ___ = 7

14 − ___ = 9

2.

25 − ___ = 16

23 − ___ = 18

26 − ___ = 19

32 − ___ = 24

3.

___ − 9 = 12

___ − 7 = 19

___ − 6 = 18

___ − 8 = 17

4.

___ − 12 = 20

___ − 13 = 20

___ − 15 = 25

___ − 19 = 22

5. 소녀들은 5센트짜리 동전과 10센트짜리 동전을 가지고 있습니다. 소녀들은 두 종류의 동전을 각각 몇 개씩 가지고 있습니까?

1) 제니퍼는 동전을 5개 가지고 있고, 모두 30센트입니다.

2) 헤더는 동전을 5개 가지고 있고, 모두 35센트입니다.

1. 뚜르꾸에서 헬싱키까지의 거리는 165km 입니다. 이브는 이 길을 110km를 여행 했습니다. 여행을 마치려면 몇 km를 더 가야 합니까?

   식 :

   답 :

2. 소피의 책은 90쪽입니다. 소피는 월요 일에 35쪽을 읽고, 화요일에 20쪽을 읽 었습니다. 소피가 책을 다 읽으려면 몇 쪽을 더 읽어야 합니까?

   식 :

   답 :

3. 안나는 퍼즐 2개를 하나에 7유로씩 주 고 샀습니다. 안나가 20유로를 냈다면 거스름돈은 얼마입니까?

   식 :

   답 :

4. 조셉은 책 2권을 8유로와 9유로를 주고 샀습니다. 조셉이 20유로를 냈다면 거 스름돈은 얼마입니까?

   식 :

   답 :

1. 2468 + 468 + 67

3. 4949 + 9 + 4636

2. 9080 - 7454

4. 9871 - 2599

1.
```
    5 0 0 3
  - 3 5 8 9
```

4.
```
    9 0 2 0
  -   8 3 2
```

2.
```
    4 0 0 0
  - 2 9 9 9
```

5.
```
    2 0 0 2
  -   9 8 7
```

3.
```
    6 0 0 1
  - 4 1 1 2
```

6.
```
    9 0 0 0
  - 7 9 9 9
```

7. 멜리사는 주사위 2개를 던졌습니다.

1) 그녀가 얻을 수 있는 합 중 가장 적은 수는 얼마입니까?

2) 그녀가 얻을 수 있는 합 중 가장 큰 수는 얼마입니까?

3) 그녀가 얻을 수 있는 합은 모두 몇 가지입니까?

 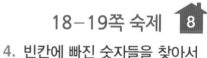

1. 3882 + 1118 − 2525

2. 9007 − 6228 + 2332

3. 8010 − 5125 − 1997

4. 빈칸에 빠진 숫자들을 찾아서 알맞게 써넣으시오.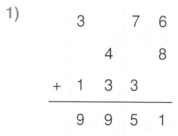

1)
```
    3   7 6
        4 8
  + 1 3 3
  ─────────
    9 9 5 1
```

2)
```
    8 0 0 3
  - 5     5
  ─────────
      2 3
```

곱셈 구구를 복습하시오.

1. 4 × 2 =
   6 × 2 =
   8 × 2 =
   7 × 2 =
   9 × 2 =

3. 3 × 4 =
   6 × 4 =
   8 × 4 =
   7 × 4 =
   9 × 4 =

2. 3 × 3 =
   6 × 3 =
   8 × 3 =
   7 × 3 =
   9 × 3 =

4. 5 × 5 =
   7 × 5 =
   6 × 5 =
   8 × 5 =
   9 × 5 =

5. 소녀들은 10센트짜리 동전과 5센트짜리 동전을 가지고 있습니다. 두 종류의 동전을 각각 몇 개씩 가지고 있습니까?

1) 모니카는 동전을 6개 가지고 있고, 모두 35센트입니다.

2) 에밀리는 동전을 6개 가지고 있고, 모두 45센트입니다 .

1. 일주일 동안의 기온을 꺾은선그래프로 나타내시오.

요일	월	화	수	목	금	토	일
기온(℃)	8	4	11	14	7	5	2

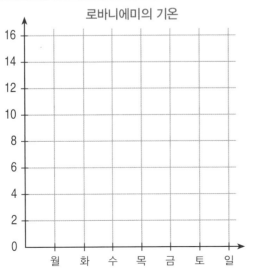

로바니에미의 기온

2. 소년들은 1유로짜리 동전과 50센트짜리 동전을 가지고 있습니다. 두 종류의 동전을 각각 몇 개씩 가지고 있습니까?

1) 로버트는 동전을 5개 가지고 있고, 모두 4유로입니다.

2) 마이클은 동전을 5개 가지고 있고, 모두 3유로입니다.

곱셈 구구를 복습하시오.

1. $3 \times 6 =$

   $7 \times 6 =$

   $6 \times 6 =$

   $9 \times 6 =$

   $8 \times 6 =$

3. $4 \times 8 =$

   $6 \times 8 =$

   $7 \times 8 =$

   $5 \times 8 =$

   $9 \times 8 =$

2. $4 \times 7 =$

   $6 \times 7 =$

   $5 \times 7 =$

   $9 \times 7 =$

   $8 \times 7 =$

4. $4 \times 9 =$

   $6 \times 9 =$

   $8 \times 9 =$

   $9 \times 9 =$

   $7 \times 9 =$

5. 가로, 세로, 대각선으로 모두 더해도 합이 24가 되도록 빈칸에 알맞은 숫자를 써넣으시오.

이 숫자들을 이용하시오.

4	5	7	8

9	11	12

	6	
	10	

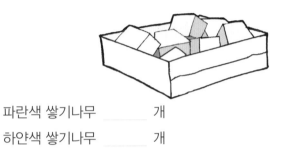

1. 덧셈 피라미드를 완성하시오.

색칠된 쌓기나무의 수를 계산하시오.

1)

```
        42

    9

  5   4   6   7
```

2. 파란색 쌓기나무와 하얀색 쌓기나무가 모두 합해서 11개입니다.
파란색 쌓기나무가 하얀색 쌓기나무보다 3개 더 많습니다.

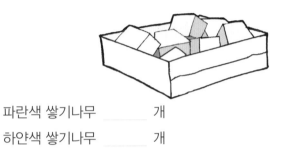

파란색 쌓기나무 _____ 개

하얀색 쌓기나무 _____ 개

2)

```
  7   6   6   7
```

3. 파란색 쌓기나무와 초록색 쌓기나무가 모두 합해서 13개입니다.
파란색 쌓기나무가 초록색 쌓기나무보다 5개 더 많습니다.

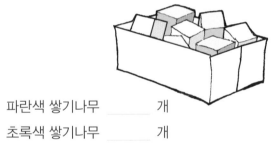

3)

```
  8   8   9   9
```

파란색 쌓기나무 _____ 개

초록색 쌓기나무 _____ 개

4. 파란색 쌓기나무와 빨간색 쌓기나무가 모두 합해서 14개입니다.
파란색 쌓기나무는 빨간색 쌓기나무보다 4개 더 많습니다.

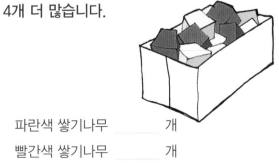

4)

```
  9   11   10   8
```

파란색 쌓기나무 _____ 개

빨간색 쌓기나무 _____ 개

1. 같은 알파벳 문자는 항상 같은 수를 의미합니다. 각각의 알파벳 문자가 의미하는 수를 찾아 쓰시오.

1) A + A = 14   A =

    B + B = 18   B =

    C + C = 50   C =

    D + D = 44   D =

2) E + E + E = 12   E =

    F + F + F = 18   F =

    G + G + G = 24   G =

    H + H + H = 60   H =

3) J + J + J + J = 12   J =

    K + K + K + K = 24   K =

    L + L + L + L = 80   L =

    M + M + M + M = 100   M =

4) N + N + N + N + N = 40

                        N =

    P + P + P + P + P = 80

                        P =

2. 자를 이용해서 다음의 모양들을 같은 크기와 모양의 네 조각으로 나누시오.

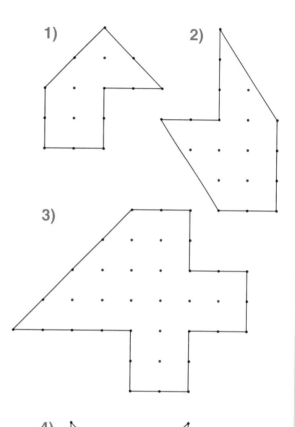

1) 2) 3) 4)

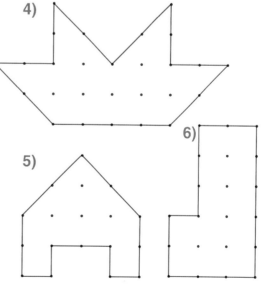

5) 6)

35

1. 다음의 크기 부호가 맞게 주어진 숫자들을 빈칸에 알맞게 써넣으시오.

2. 각 변의 수들을 더하면 가운데 수가 되도록 빈칸에 알맞은 수를 쓰시오.

1)

2 [ ] < [ ] < 2 [ ] < 2 [ ]

2)

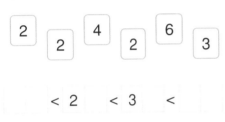

[ ] < 2 [ ] < 3 [ ] < [ ]

3)

4 [ ] > 6 [ ] > [ ] > [ ]

4)

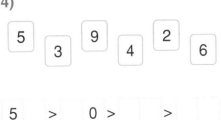

5 [ ] > 0 [ ] > [ ] > [ ]

1)

65	+	[ ]	+	15
+				+
[ ]		100		[ ]
+				+
25	+	[ ]	+	35

4)

120	+	[ ]	+	60
+				+
[ ]		500		[ ]
+				+
50	+	[ ]	+	230

2)

30	+	[ ]	+	25
+				+
[ ]		200		[ ]
+				+
55	+	[ ]	+	10

5)

150	+	[ ]	+	340
+				+
[ ]		800		[ ]
+				+
350	+	[ ]	+	200

3)

30	+	[ ]	+	250
+				+
[ ]		400		[ ]
+				+
360	+	[ ]	+	20

6)

900	+	[ ]	+	15
+				+
[ ]		1000		[ ]
+				+
45	+	[ ]	+	855

1. 자를 이용해서 주어진 보기의 모양과 똑같이 그리시오.

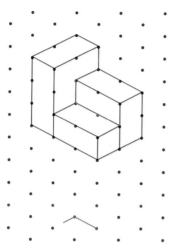
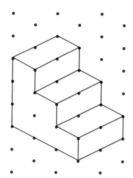
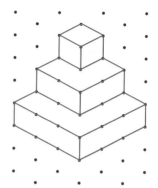

2. 아래의 문제들을 어떻게 풀 것인지 생각하고 문제를 푸시오.

1) 99 + 99 =

   599 + 99 =

  99 + 99 + 99 =

198 + 99 + 99 =

2) 99 + 101 =

   98 + 101 =

   99 + 104 =

99 + 99 + 102 =

3) 500 − 99 =

   700 − 98 =

   800 − 499 =

  1000 − 98 =

4) 300 − 101 =

   600 − 201 =

   400 − 102 =

  1000 − 101 =

37

1. 개들이 자신들의 집으로 가는 길을 그리시오.
단, 길은 서로 교차하거나 만나면 안 됩니다.

1)

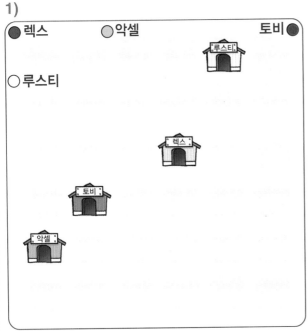

2)

2. 양쪽의 식의 값이 같도록 빈칸에 알맞은 수를 써넣으시오.

1) 18 + 18 = 19 +

　　 16 + 18 = 15 +

　　 15 + 18 = 13 +

　　 12 + 19 = 14 +

　　 18 + 17 = 20 +

2) 　25 - 9 = 24 -

　　 23 - 8 = 24 -

　　 22 - 5 = 24 -

　　 26 - 8 = 24 -

　　 22 - 9 = 24 -

3) 　99 + 99 = 200 -

　　 98 + 98 = 200 -

　　 95 + 95 = 200 -

　 199 + 199 = 400 -

　 299 + 199 = 500 -

알파벳의 수화

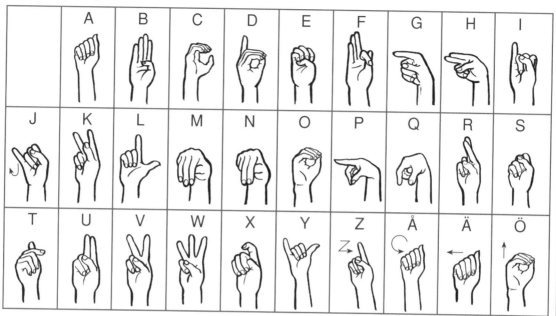

1. 수화가 의미하는 글자를 빈칸에 쓰시오.

1. 빠진 모양을 규칙에 맞게 그려 넣으시오.   **2. 덧셈 피라미드를 완성하시오.**

1)
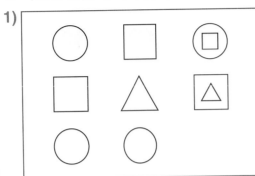

1)

2)
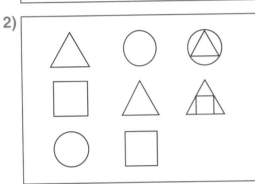

2)
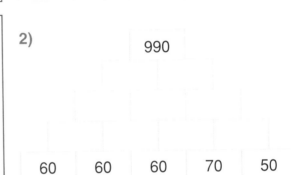

3)
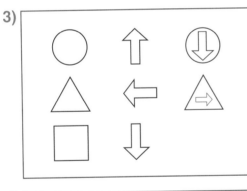

3)
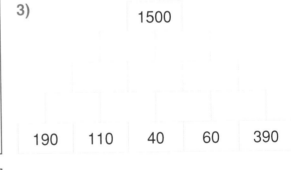

4)
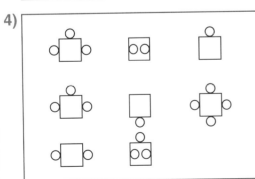

4)
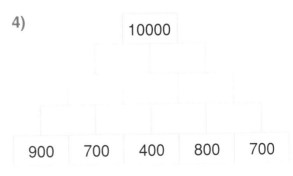

1. 같은 알파벳 문자는 항상 같은 수를 의미합니다. 각 알파벳 문자를 주어진 답이 나오도록 알맞은 수로 바꾸시오.

1)

```
  A B C          +
+ A B C      ─────────
─────────
  3 8 6
```

2)

```
  D E F          +
+ D E F      ─────────
─────────
  3 1 6
```

3)

```
  G H J          +
+ G H J      ─────────
─────────
  J 1 4
```

4)

```
  K T L          +
+   L 8      ─────────
─────────
  L 2 2
```

5)

```
    7 9          +
+   M N      ─────────
─────────
  1 0 M
```

2. 각 용기에는 서로 색이 다른 3종류의 공들이 있습니다.

1) 모두 합해서 공이 22개 있습니다.

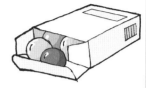

노란색 공은 10개이고, 파란색 공과 빨간색 공의 개수는 같습니다. 빨간색 공 은 몇 개 입니까?

2) 모두 합해서 공이 19개 있습니다.

파란색 공과 하얀색 공의 개수는 같습니다. 노란색 공의 개수가 파란색 공의 개수보다 1개 더 많습니다. 노란색 공은 모두 몇 개입니까?

3) 모두 합해서 공이 29개 있습니다.

빨간색 공과 노란색 공의 개수는 같습니다. 검은색 공의 개수가 빨간색 공의 개수보다 2개 더 많습니다. 검은색 공은 모두 몇 개입니까?

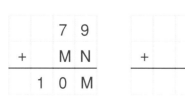

1. 각 발명품들에 해당하는 알파벳 문자를 발명 연도에 해당하는 수직선의 빈칸에 알맞게 써넣으시오.

E	광디스크	1979
I	토스터	1909
D	자석식 전화기	1935
E	사진용 플래시	1929
E	적외선 필름	1942
I	텔레비전	1923
N	휴대용 텔레비전	1984
I	인공위성	1957

V	문자 방송	1963
S	전자레인지	1945
F	보온병	1906
E	우주 여행가	2001
C	식기세척기	1950
R	우주 왕복선	1981
S	곤충 로봇	2003

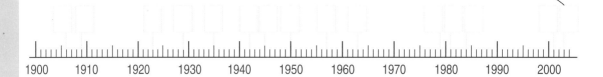

```
1900   1910   1920   1930   1940   1950   1960   1970   1980   1990   2000
```

2. 자를 이용해서 다음의 모양들을 같은 크기와 모양의 세 조각으로 나누시오.

1)
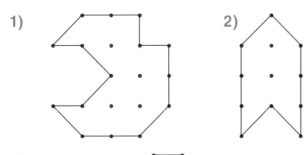

2)

3)
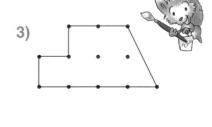

4)
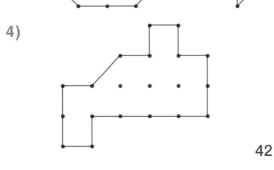

5)
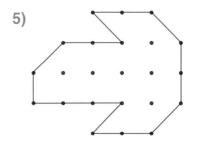

42

1. 균형을 맞추기 위해서 상자 2개의 자리를 바꾸어야 합니다. 어떤 상자들을 옮겨야 합니까?

2. 계산해서 숫자 퍼즐을 완성하시오.

1)

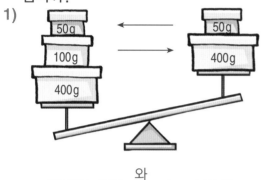

와

2)

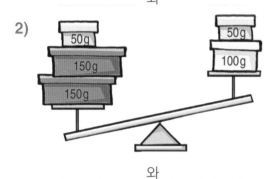

와

3)

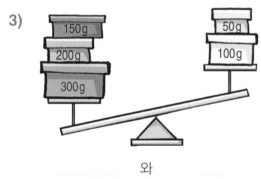

와

4)

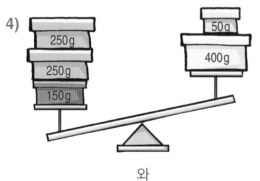

와

가로		세로	
A	335 + 34	**A**	50 − 15
D	523 + 67	**B**	34 + 35
E	28 + 47	**C**	150 − 60
F	55 + 36	**G**	200 − 45
H	91 − 75	**J**	91 − 22
K	485 − 72	**K**	476 + 16
M	977 − 52	**L**	71 − 38
N	18 + 19	**S**	100 − 32
P	61 − 34	**T**	15 + 47
R	74 − 58	**V**	37 + 58
S	617 + 52		
U	888 − 63		

A	B	C	
D			

E				F	G
		H	J		
K		L		M	
		N			
P					R
	S	T	V		
	U				

1. 아래의 식들을 계산하시오. 그리고 답에 해당하는 알파벳 문자를 아래의 빈칸에 쓰시오.

$28 + 48 =$	F	$59 - 17 =$	M	$31 - 15 =$	F
$39 + 39 =$	I	$67 - 32 =$	E	$51 - 32 =$	K
$27 + 54 =$	N	$78 - 38 =$	S	$71 - 49 =$	N
$54 + 31 =$	L	$97 - 58 =$	R	$81 - 63 =$	L
$63 + 25 =$	A	$88 - 39 =$	I	$91 - 71 =$	I

$26 + 29 =$	R	$32 - 21 =$	L	$55 + 16 =$	T
$37 + 15 =$	G	$43 - 26 =$	U	$35 + 37 =$	O
$48 + 11 =$	A	$64 - 51 =$	U	$25 + 66 =$	N
$35 + 27 =$	T	$74 - 59 =$	R	$69 + 25 =$	D
$38 + 27 =$	E	$94 - 82 =$	O		

$47 - 38 =$	O	$41 - 15 =$	F
$56 - 49 =$	W	$51 - 26 =$	G
$66 - 58 =$	C	$61 - 32 =$	S
$54 - 48 =$	E	$71 - 43 =$	I
$82 - 79 =$	F	$91 - 59 =$	H

3	6	7		8	9	11	12	13	15	16	17	18

19	20	22	25	26	28	29	32	35	39	40

42	49	52	55	59	62	65		71	72		76	78	81	85	88	91	94

1. 남자가 어떻게 여우와 닭, 그리고 곡식 자루를 강 건너편으로 옮길 수 있을까요?

> • 남자는 보트로 여우나 닭, 곡식 자루 중
>   1개만 가지고 갈 수 있습니다.

> • 닭이 곡식을 먹기 때문에 닭과 곡식
>   곡식 자루를 같이 두면 안 됩니다.

> • 여우가 닭을 잡아먹기 때문에 닭과
>   여우를 같이 두면 안 됩니다.

2 다섯 자리의 수

다섯 자리의 수

- 각각의 자리수는 자기가 있는 자리의 값을 가지고 있다.
- 각 자리수의 값은 이전 자릿수 값의 10배의 값이다.
- 만약 자리수의 값이 0이면, 그 위치의 값은 0으로 표시된다.

만	천	백	십	일
2	5	0	3	7

25037은 '이만 오천삼십칠'이라고 읽는다.

1. 빈칸에 알맞은 숫자를 쓰시오.

1)

10000	10000	1000	1000
1000	1000	100	100	100
10	1	1	1

만 천 백 십 일

2)

| 10000 | 10000 | 1000 |
| 10 | 10 | 10 | 1 | 1 |

만 천 백 십 일

3)

| 10000 | 1000 | 1000 | 1000 |
| 100 | 100 | 1 | 1 | 1 |

만 천 백 십 일

4)

| 10000 | 10000 | 10000 |
| 1000 | 100 | 100 |

만 천 백 십 일

5)

| 10000 | 1000 | 1000 | 1000 |
| 100 | 10 | 10 | 10 | 1 | 1 |

만 천 백 십 일

6)

| 1000 | 1000 | 1000 |
| 100 | 100 | 100 | 1 | 1 |

만 천 백 십 일

2. 빈칸에 알맞은 숫자를 쓰시오.

1)

10000	10000	1000	1000

1000	1000	1	1	1

만 천 백 십 일

2)

10000	100	100	100	100

100	10	10	10	10

만 천 백 십 일

3)

10000	10000	10000	10

10	10	10	1	1	1

만 천 백 십 일

4)

10000	10000	1000	1000

1000	1	1	1	1	1	1

만 천 백 십 일

5)

10000	10000	10000	10000

10000	1000	1	1

만 천 백 십 일

3. 빈칸에 해당하는 숫자를 쓰시오.

1) 이만 육천오백

2) 사만 오천이백십칠

3) 육만 천구십

4) 만 사천백십

5) 삼만 오천백일

6) 만 오천십오

7) 만 칠천십칠

47

1. 수의 순서에 따라서 다음에 오는 수를 순서대로 3개 쓰시오.

1)

9906	9907			
9997	9998			
10396	10397			
15997	15998			
89098	89099			

2)

29996	29997			
10006	10007			
10097	10098			
10997	10998			
19997	19998			

2. 다음에 오는 수를 쓰시오.

1)

20009	
13019	
26199	
59899	
70099	
46999	

2)

25999	
70999	
80999	
93999	
19999	
69999	

3. 주어진 수의 앞에 오는 수를 쓰시오.

1)

	9000
	10010
	20100
	30110
	52500
	67800

2)

	10000
	30000
	50000
	70000
	80000
	90000

공책에 연습하기

수의 순서에 따라서 다음에 오는 수를
순서대로 3개 쓰시오.

14. 12376, 12377, 12378, …

15. 38897, 38898, 38899, …

16. 53295, 53296, 53297, …

17. 80997, 80998, 80999, …

18. 90996, 90997, 90998, …

수직선을 이용하여 각각의 수와 일치하는 알파벳 문자를 찾으시오.
그리고 빈칸에 해당하는 알파벳 문자를 쓰시오.

1. 51000   69000   61000

   44000   42000   66000

   59000   53000   64000

   46000   71000

   56000   42000

   49000   68000

                     48000

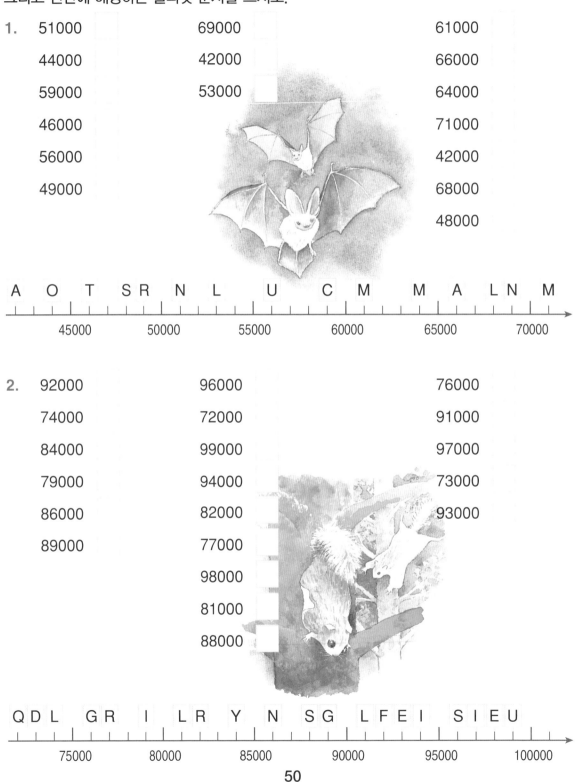

A   O   T   S R   N   L   U   C   M   M   A   L N   M

      45000   50000   55000   60000   65000   70000

2. 92000   96000   76000

   74000   72000   91000

   84000   99000   97000

   79000   94000   73000

   86000   82000   93000

   89000   77000

            98000

            81000

            88000

Q D L   G R   I   L R   Y   N   S G   L F E I   S I E U

      75000   80000   85000   90000   95000   100000

3.

59700 ☐		61900 ☐		62900				
60600 ☐		60900 ☐		63200				
59100 ☐		64100		64400				
61100 ☐		62100		63900				
59400 ☐		62800		64300				
59900 ☐		63600		63800				
		64800 ☐						
61600 ☐								
60100		62300						
60800		63100						
60300		64900						
61800		64600						
60400		63400						
61300		63800						

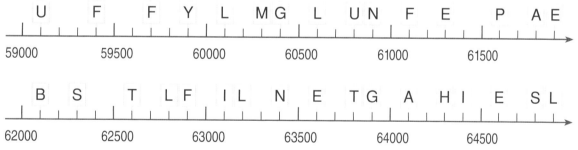

```
    U    F    F  Y  L    MG   L    UN   F    E      P  A E
 ───┼────┼────┼──┼──┼────┼────┼────┼────┼────┼──────┼──┼─┼──►
 59000    59500    60000    60500    61000    61500

    B    S    T    LF   IL   N    E    TG   A    HI     E  S L
 ───┼────┼────┼────┼────┼────┼────┼────┼────┼────┼──────┼──┼─┼──►
 62000    62500    63000    63500    64000    64500
```

공책에 연습하기

수의 연속에 의해 다음에 오는 수를 순서대로 4개 쓰시오.

19. 30400, 30500, 30600, …

20. 40950, 40960, 40970, …

21. 59750, 59800, 59850, …

22. 89850, 89875, 89900, …

수의 크기 비교하기

• 가장 큰 자릿수의 숫자부터 비교를 시작하시오.

    35909

    40005   만의 자리가 가장 크기 때문에 제일 큰 수입니다.

    39990

• 만의 자리의 숫자가 같다면 천의 자리의 수를 비교하시오.
• 천의 자리의 숫자가 같다면 백의 자리의 수를 비교하고,
  그리고 차례대로 십의 자리, 일의 자리의 수를 비교하시오.

1. 두 수를 비교하여 <, > 중 맞는 부호를 넣으시오.

1)

19900	☐	20000
22800	☐	18900
47700	☐	48000
56200	☐	55900
78999	☐	79000

2)

15790	☐	15899
36299	☐	36290
49440	☐	49445
93625	☐	93652
78919	☐	78920

2. 작은 것에서 큰 것 순서로 수를 써넣으시오.

1)

    35250
      53520
    35550
      52520
    32250

2)

    46930
      43690
    46390
      46940
    43960

3)

    78830
      78901
    79005
      79050
    78890

4)

    93290
      93300
    92999
      93350
    93330

2003년의 인구

휘빈까 42997

하메엔린나 46734

요엔수 52291

야르벤빠아 36602

꼭까 54622

미켈리 46491

뽀르보오 45730

라우마 37034

바아사 56925

위의 정보를 이용하시오.

3. 다음 물음에 답하시오.

1) 인구가 가장 많은 도시는 어디입니까?

2) 인구가 가장 적은 도시는 어디입니까?

3) 인구가 두 번째로 많은 도시는 어디입니까?

4) 인구가 50000명보다 많고 53000명보다 적은 도시는 어디입니까?

5) 인구가 43500명보다 많고 46300명보다 적은 도시는 어디입니까?

6) 인구가 뽀르보오보다 많고 하메엔린나보다 적은 도시는 어디입니까?

7) 인구가 야르벤빠아보다 많고 휘빈까보다 적은 도시는 어디입니까?

공책에 연습하기

23. 인구가 많은 도시에서 적은 도시 순서로 쓰시오.

반올림하여 천의 자리로 나타내기

- 만약 백의 자리의 숫자가 5보다 작다면 천의 자릿수 그대로에 가까운 것입니다.
- 만약 백의 자리의 숫자가 5보다 크거나 같다면 천의 자릿수보다 1000 큰 수에 가까운 것입니다.

3400 = 약 3000

3600 = 약 4000

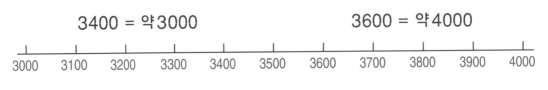

백의 자리에서 반올림하여 천의 자리로 나타내시오.

1.

1) 2400 = 약

5300 =

2700 =

2500 =

2) 3490 =

6502 =

7900 =

8490 =

3) 7050 =

8520 =

4085 =

9905 =

2.

1) 12400 =

23800 =

32500 =

40300 =

40600 =

2) 10490 =

10802 =

56065 =

48505 =

92499 =

3.

1) 49400 =

49500 =

49700 =

56900 =

59500 =

2) 69299 =

69501 =

89830 =

39095 =

79505 =

4. 도시 주민의 인구를 반올림하여 천의 자리로 나타내시오.

도시	2003년의 인구	천의 자리로 반올림
위바스낄라	81110	
까아야니	35842	
게미	23236	
꼭꼴라	35583	
꼬우볼라	31369	
꾸오피오	87821	
꾸우사모	17580	
라흐띠	97968	
랍뻬에란따	58707	
뽀리	75895	
로바니에미	35110	
살로	24686	

5. 표를 보고 아래 물음에 답하시오.

1) 인구가 가장 많은 도시는 어디입니까?

2) 인구가 두 번째로 많은 도시는 어디입니까?

3) 인구가 가장 적은 도시는 어디입니까?

4) 인구가 두 번째로 적은 도시는 어디입니까?

5) 인구가 60000명이 넘지만 80000명이 안 되는 도시는 어디입니까?

6) 인구가 18000명이 넘지만 24500명이 안 되는 도시는 어디입니까?

7) 인구가 위바스낄라보다 많고 라흐띠보다 적은 도시는 어디입니까?

8) 인구가 로바니에미보다 많고 까아야니보다 적은 도시는 어디입니까?

9) 인구가 까아야니보다 많고 뽀리보다 적은 도시는 어디입니까?

1. $80 + 60 =$

   $800 + 600 =$

   $70 + 80 =$

   $700 + 800 =$

2. $120 - 40 =$

   $1200 - 400 =$

   $130 - 90 =$

   $1300 - 900 =$

3. $900 + 800 =$

   $700 + 500 =$

   $800 + 400 =$

   $900 + 700 =$

4. $1100 - 800 =$

   $1200 - 700 =$

   $1300 - 800 =$

   $1400 - 500 =$

5. $800 + 800 =$

   $1600 - 900 =$

   $700 + 400 =$

   $1500 - 900 =$

6. $12300 + 50 =$

   $12300 + 500 =$

   $12300 + 5000 =$

   $12300 + 50000 =$

7. $33500 + 40 =$

   $33500 + 400 =$

   $33500 + 4000 =$

   $33500 + 40000 =$

8. $68550 - 30 =$

   $68550 - 300 =$

   $68550 - 3000 =$

   $68550 - 30000 =$

사르깐니에미 공원의 6월과 8월 방문객 수입니다.

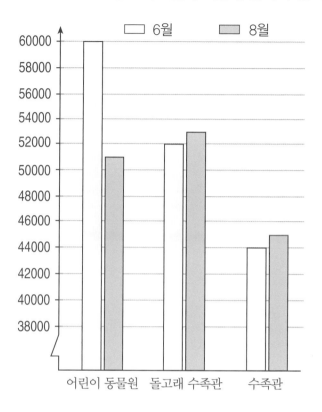

9. 맞는 것에 '참'을, 틀린 것에 '거짓'을 쓰세요.

1) 6월에 가장 인기가 많은 곳은
   어린이 동물원이다.

2) 돌고래 수족관은 6월보다 8월에
   방문객이 더 많았다.

3) 수족관은 8월보다 6월에 방문객이 더 많았다.

4) 6월에 어린이 동물원은 수족관보다
   방문객이 더 많았다.

5) 6월에 수족관 방문객은 45000명보다 적었다.

6) 어린이 동물원은 8월보다 6월에
   방문객이 9000명 더 많았다.

7) 수족관은 8월보다 6월에 방문객이
   1000명 더 적었다.

8) 돌고래 수족관은 6월과 8월을 합해서
   방문객이 100000명이 넘었다.

9) 수족관은 6월과 8월을 합해서
   방문객이 90000명이 넘었다.

1. 1300 + 3200 =

    2400 + 4400 =

    5300 + 2600 =

    6100 + 3500 =

2. 2400 + 600 =

    3500 + 500 =

    1200 + 1800 =

    3600 + 2400 =

베시꼬 잠수함

3. 7600 − 1500 =

    8900 − 3600 =

    9700 − 4700 =

    9900 − 5700 =

6. 20000 − 8000 =

    30000 − 7000 =

    40000 − 9000 =

    50000 − 6000 =

4. 7000 − 2500 =

    6000 − 3300 =

    8000 − 7500 =

    9000 − 4800 =

7. 12000 + 23000 =

    24000 + 35000 =

    31000 + 36000 =

    52000 + 18000 =

5. 15000 + 5000 =

    22000 + 8000 =

    36000 + 4000 =

    73000 + 7000 =

8. 88000 − 55000 =

    97000 − 46000 =

    77000 − 65000 =

    94000 − 44000 =

박물관 배의 방문객 수

	1998	1999	2000	2001
마리암의 범선 박물관	47000	46000	42000	37000
게미의 삼포 쇄빙선	35000	35000	35000	36000
헬싱키의 베시꼬 잠수함	43000	29000	25000	30000

삼포 쇄빙선

9. 2000년보다 1998년에 얼마나 더 많은 사람들이 범선 박물관을 방문했습니까?

10. 2000년보다 1999년에 얼마나 더 많은 사람들이 범선 박물관을 방문했습니까?

11. 1999년에 범선 박물관을 방문한 사람들이 쇄빙선을 방문한 사람보다 얼마나 더 많았습니까?

12. 2001년보다 1998년에 얼마나 더 많은 사람들이 베시꼬 잠수함을 방문했습니까?

13. 2000년과 2001년에 범선 박물관을 방문한 사람들을 합하면 몇 명입니까?

14. 2000년과 2001년에 베시꼬 잠수함을 방문한 사람들을 합하면 몇 명입니까?

15. 2000년과 2001년에 쇄빙선을 방문한 사람들을 합하면 몇 명입니까?

16. 다음 연도에 범선 박물관, 쇄빙선, 베시꼬 잠수함을 방문한 사람들을 합하면 9만 명이 넘습니까?

1) 2000년에

2) 2001년에

CHECK POINT

1. 다음 식을 계산하시오. 그리고 답에 해당하는 알파벳 문자를 아래의 빈칸에 쓰시오.

15000 + 7000 =	E		25000 + 15000 =	C
18000 + 6000 =	A		18000 + 32000 =	C
23000 − 4000 =	R		41000 + 29000 =	T
25000 − 8000 =	A		23000 + 37000 =	I
21000 − 6000 =	R		44000 + 46000 =	S

27000 + 8000 =	M		70000 − 25000 =	Y
26000 + 6000 =	E		70000 − 13000 =	L
31000 − 8000 =	T		90000 − 26000 =	S
34000 − 7000 =	N			
33000 − 5000 =	D			

15000	17000	19000	22000		23000	24000	27000	28000	32000	35000

40000	45000	50000	57000	60000	64000	70000	90000

이것만은 기억합시다.

1. 문제를 주의 깊게 읽으시오.

2. 문제의 중요한 부분에 밑줄을 그으시오.

3. 어떤 정보가 주어졌는지 확인하시오.

4. 어떻게 계산을 할지 생각하고 식을 쓰시오.

5. 문제를 풀고 답을 쓰시오.

2. 사라는 자전거를 350유로 주고,
   헬멧은 30유로 주고 샀습니다.
   모두 합해서 얼마입니까?

   식 :

   답 :

3. 조슈아의 자전거는 390유로입니다.
   제니의 자전거는 조슈아의 것보다
   130유로가 더 쌉니다.
   제니의 자전거는 얼마입니까?

   식 :

   답 :

4. 어머니는 자전거를 320유로 주고
   샀습니다. 500유로짜리 지폐를 냈다면
   거스름돈은 얼마입니까?

   식 :

   답 :

5. 루크의 등산복은 70유로이고
   그의 등산화는 40유로입니다.
   루크가 200유로를 낸다면 거스름돈은
   얼마입니까?

   식 :

   답 :

6. 이브의 등산 배낭은 70유로이고
   그녀의 등산화는 70유로입니다.
   200유로를 내면 이브가 받을 거스름돈은
   얼마입니까?

   식 :

   답 :

7. 아버지는 패트릭과 나단에게 70유로짜리
   런닝화를 각각 한 켤레씩 사 줬습니다.
   그리고 스톱워치를 40유로 주고 사서
   둘이 함께 사용하라고 했습니다. 아버지가
   산 물건들 가격의 합은 얼마입니까?

   식 :

   답 :

1. 55555 + 36678

2. 80808 − 79797

3. 27277 + 14945

4. 90000 − 12345

5. 39976 + 39976 − 68965

6. 70000 − 49999 + 5999

7. 80008 − 2999 − 22688

8. 92345 − 28765 + 7520

공책에 연습하기

각 문제의 식을 쓰시오.

24. 일 년 동안 '대지의 아이들'이라는 책은 62800권 팔렸고, '반지의 제왕'은 41900권이 팔렸습니다.
'대지의 아이들'은 '반지의 제왕'보다 얼마나 더 팔렸습니까?

25. '외계인의 기습'이라는 소설책은 33600권이 팔렸고, '프랭클린의 여행'은 32000권이 팔렸습니다.
그리고 '냉정한 펭귄'은 27300권이 팔렸습니다. 이들 책 3권은 모두 합해서 몇 권이나 팔렸습니까?

26. '외계인의 기습'이라는 소설책은 33600권이 팔렸습니다. '아이들의 환상'은 '외계인의 기습'보다 14200권 덜 팔렸습니다.
그렇다면 '아이들의 환상'은 모두 몇 권이 팔렸습니까?

27. '곰돌이 푸' 시리즈는 모두 76100권 팔렸습니다. '곰돌이 푸1'은 25700권이 팔리고 '곰돌이 푸2'는 25300권이 팔렸습니다. 그럼 마지막 '곰돌이 푸3'은 몇 권이 팔렸습니까?

28. '해리포터' 26700권이 팔렸고 '곰돌이 푸1'은 25700권이 팔렸습니다. '공주님의 최고의 사랑'은 '해리포터'와 '곰돌이 푸1'을 합한 것보다 21000권 더 많이 팔렸습니다.
그럼 '공주님의 최고의 사랑'은 모두 몇 권이 팔렸습니까?

동물원의 가을

헬싱키의 꼬르께아사아리 동물원은 핀란드에서 가장 크고 오래된 동물원입니다. 이 동물원은 1889년에 세워졌습니다. 가을에 이 동물원은 10월의 첫날부터 연말까지 매일 아침 10시에서 오후 4시까지 열립니다. 12월 6일부터 1월 6일까지 복원된 요정의 길이 일반에게 개방됩니다.

아흐따리 동물원은 핀란드에서 두 번째로 큰 동물원입니다. 이 동물원은 1973년에 세워졌습니다. 이 동물원은 10월의 첫날부터 연말까지 매일 아침 10시에서 오후 2시까지 열립니다. 아흐따리는 위바스낄라에서 북동쪽으로 110km에 떨어져 있고, 바아사에서 남동쪽으로 160km 떨어져 있습니다.

라누아 동물원은 핀란드에서 가장 북쪽에 있는 동물원입니다. 이 동물원은 1983년에 세워졌습니다. 이 동물원은 9월의 첫날부터 연말까지 매일 아침 10시에서 오후 4시까지 열립니다. 라누아는 로바니에미에서 남동쪽으로 80km 떨어져 있고, 오울루에서 북동쪽으로 180km 떨어져 있습니다.
(2003년의 정보)

1. 다음 물음에 답하시오.

1) 핀란드의 가장 북쪽에 있는 동물원은 무엇입니까?

2) 핀란드에서 가장 오래된 동물원은 무엇입니까?

2. 11월에 아흐따리 동물원은 일주일에 몇 시간 엽니까?

3. 11월에 라누아 동물원은 일주일에 몇 시간 엽니까?

4. 라누아 동물원은 2000년에 동물원을 연 지 몇 년 되었습니까?

5. 아흐따리 동물원은 2012년에 동물원을 연 지 몇 년 되었습니까?

6. 요정의 길은 며칠 동안 열립니까?

7. 바아사에서 아흐따리까지 왕복으로 몇 km입니까?

8. 라누아에서 로바니에미까지 왕복으로 몇 km입니까?

29. 90020 − 26770 − 35975

30. 25755 + 25245 − 49999

각 문제에 대해 식을 써 보시오.

31. 꼬르께아사아리 동물원은 아흐따리 동물원보다 얼마나 더 오래되었습니까?

32. 꼬르께아사아리 동물원에는 5월에 64361명 방문했고, 6월에 95856명이 방문했습니다. 6월에 5월보다 방문객이 몇 명이나 더 많았습니까?

33. 8월에 95712명이 꼬르께아사아리를 방문했고, 18884명이 아흐따리를 방문했고, 10874명이 라누아를 방문했습니다. 꼬르께아사아리를 찾은 사람들이 아흐따리와 라누아를 찾은 사람들을 합한 것보다 얼마나 더 많았습니까?

34. 9월에 이 세 동물원을 방문한 사람들을 모두 합하면 38522명 입니다. 3597명은 아흐따리를 방문했고, 4015명은 라누아를 방문했습니다. 그럼 꼬르께아사아리를 방문한 사람들은 모두 몇 명입니까?

1991~2003년까지 핀란드 황금독수리와 바다독수리의 태어난 새끼들의 숫자입니다.

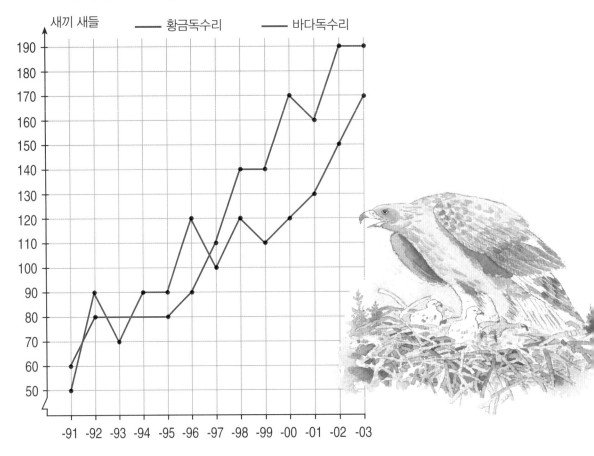

1. 다음 연도에 태어난 황금독수리 새끼들의
   수를 쓰시오.

1) 1991년 :

2) 1996년 :

3) 2001년 :

2. 다음 연도에 태어난 바다독수리 새끼들의
   수를 쓰시오.

1) 1991년 :

2) 1996년 :

3) 2001년 :

3. 다음 연도에 태어난 황금독수리와
   바다독수리 새끼들 수의 합을 구하시오.

1) 1992년 :

2) 1998년 :

3) 2001년 :

4. 황금독수리 새끼들이 바다독수리 새끼들
   보다 더 많이 태어난 해는 언제입니까?

국립 공원의 방문객 수	
호싸 국립 공원	33000
꼴리 국립 공원	71000
자연호수센타 국립 공원	15000
꼬일리스까이라 국립 공원	20200
오울란까 국립 공원	43000
쎄잇세미넨 국립 공원	25000
시이다 국립 공원	70000
씨니심부까 국립 공원	19500

(2001년의 자료)

흰 멧새

흰눈썹울새

뇌조

공책에 연습하기

35. 45555 + 45555 − 13333
36. 90900 − 16166 − 19179
37. 81018 − 27983 + 13631

각 문제에 대해 식을 쓰시오.

38. 호싸, 꼬일리스까이라, 그리고 씨니심부까 국립 공원을 합해서 얼마나 많은 방문객들이 방문했습니까?

39. 오울란까 국립 공원을 방문한 사람들은 씨니심부까 국립 공원을 방문한 사람보다 얼마나 더 많습니까?

40. 꼴리 국립 공원의 방문객의 수가 쎄잇세미넨 국립 공원과 씨니심부까 국립 공원의 방문객 수를 합한 것보다 얼마나 더 많습니까?

41. 어떤 국립 공원의 방문객의 수가 호싸, 꼬일리스까이라, 그리고 쎄잇세미넨 국립 공원의 방문객 수를 합한 수보다 8200명 적습니까?

스스로 해 보기

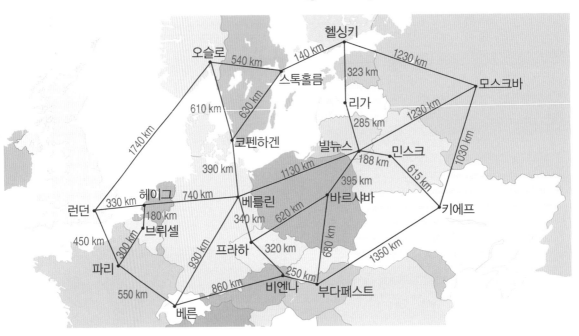

1. 도시를 5곳 이상 지나도록 여행 계획을 짜 보시오.
   지도에 여행 코스를 그리고 여행 코스의 총 길이를 km로 계산하시오.
   그리고 다른 두 번째 여행 코스를 생각해 보시오.

첫 번째 코스 :

두 번째 코스 :

코스의 총 길이 :

코스의 총 길이 :

얼굴 아래에 각각의 사람들의 이름을 쓰고, 아래에 직업을 쓰시오.
(오른쪽과 왼쪽은 보는 사람을 기준으로 합니다.)

2. • 래리는 소방관도 음악가도 아닙니다.
   • 마이클의 얼굴은 음악가와 정원사의 얼굴 사이에 있습니다.
   • 소방관의 얼굴은 래리 얼굴의 오른쪽에 있습니다.
   • 케빈의 얼굴은 마이클 얼굴의 오른쪽에 있습니다.

3. • 엠마의 얼굴은 제인 얼굴의 왼쪽에 있습니다.
   • 제인의 얼굴은 에이미 얼굴의 왼쪽에 있습니다.
   • 에이미는 선생님도 요리사도 아닙니다.
   • 엠마는 선생님도 미용사도 아닙니다.

4. • 어부와 상인의 얼굴은 바깥쪽에 있습니다.
   • 토니와 매튜의 얼굴은 안쪽에 있습니다.
   • 경찰관의 얼굴은 브라이언의 얼굴 바로 오른쪽에 있습니다.
   • 선생님의 얼굴은 제임스의 얼굴 바로 왼쪽에 있습니다.
   • 매튜는 선생님이 아니고. 브라이언은 어부가 아닙니다.

목걸이는 어떤 규칙에 따라 빨간색 , 파란색 구슬들을 엮어서 만듭니다.
각각의 목걸이에 빨간색 구슬과 파란색 구슬이 몇 개 사용되었는지 쓰시오.

1. 목걸이에는 구슬이 18개 쓰였습니다.

1)

빨간색 구슬들의 수 :

파란색 구슬들의 수 :

2)

빨간색 구슬들의 수 :

파란색 구슬들의 수 :

3)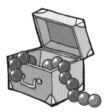

빨간색 구슬들의 수 :

파란색 구슬들의 수 :

4)

빨간색 구슬들의 수 :

파란색 구슬들의 수 :

2. 목걸이에는 구슬이 24개 쓰였습니다.

1)

빨간색 구슬들의 수 :

파란색 구슬들의 수 :

2)

빨간색 구슬들의 수 :

파란색 구슬들의 수 :

3)

빨간색 구슬들의 수 :

파란색 구슬들의 수 :

4)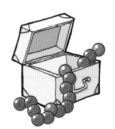

빨간색 구슬들의 수 :

파란색 구슬들의 수 :

3. 땅을 같은 크기와 모양으로 나누는데 각각의 집에 사과나무 한 그루가 있도록 나누시오.

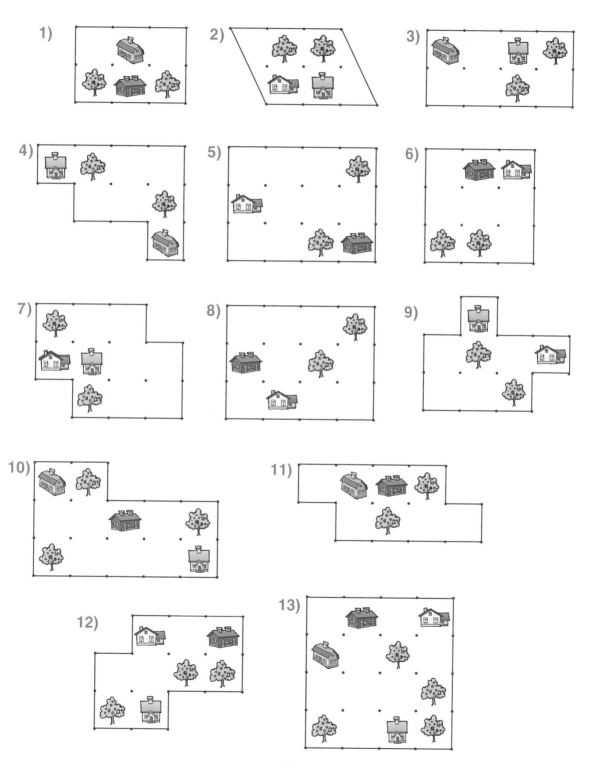

1. 다음의 수를 쓰시오.

1) 구만

2) 팔만 천

3) 육만 오

4) 만 삼천십삼

5) 만 오천오십

2. 가로, 세로, 대각선으로 모두 더해도 합이 180이 되도록 빈칸에 알맞은 숫자를 써넣으시오.

이 숫자들을 이용하시오.

30 40 50 60

70 80 90

100		20

---

1. 다음에 오는 수를 빈칸에 쓰시오.

10009	
12010	
23199	
36299	
47899	
60099	
79999	
81999	
89999	
98999	

2. 앞에 오는 수를 빈칸에 쓰시오.

	8000
	9010
	10100
	19000
	24900
	25000
	37000
	40000
	60000
	99000

1. 더해서 19583이 되도록 각 식에
알맞은 수를 써넣으시오.

10000 +

19000 +

10583 +

10083 +

19503 +

9583 +

9080 +

583 +

80 +

500 +

9000 +

K1. 수의 연속에 맞추어 다음에 오는
수 3개를 순서대로 쓰시오.

1) 10002, 10004, 10006, ...

2) 15194, 15196, 15198, ...

3) 24270, 24280, 24290, ...

4) 30040, 30060, 30080, ...

5) 38700, 38800, 38900, ...

6) 40750, 40800, 40850, ...

7) 50000, 50500, 51000, ...

8) 68000, 68500, 69000, ...

K2. 큰 수부터 작은 수로 순서대로 쓰시오.

1) 22500, 20520, 25250, 20550

2) 35300, 33500, 35350, 33530

3) 42820, 42880, 42280, 42882

4) 60630, 60660, 60360, 60600

5) 72229, 72230, 72209, 72300

6) 90909, 90990, 90199, 90090

7) 92200, 92202, 92199, 92195

1. 소년들은 1유로짜리 동전과
50센트짜리 동전을 가지고 있습니다.
두 종류의 동전을 각각 몇 개씩
가지고 있습니까?

1) 줄리안은 동전을 7개 가지고 있고,
모두 합해서 4유로입니다.

2) 사무엘은 동전을 7개 가지고 있고,
모두 합해서 5.50유로입니다.

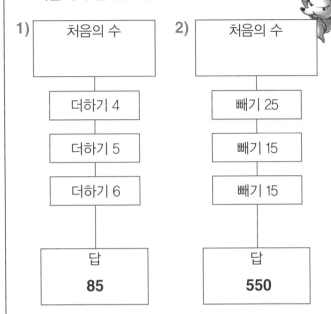

1. 백의 자리에서 반올림하여
   천의 자릿수로 나타내시오.

   1)　　3600 = 약

   　　　7400 = 약

   　　　8500 = 약

   　　　8700 = 약

   2)　12400 = 약

   　　25500 = 약

   　　31700 = 약

   　　29800 = 약

   　　49500 = 약

   　　79530 = 약

2. 처음의 수를 찾아내시오.

1)
처음의 수
더하기 4
더하기 5
더하기 6
답 **85**

2)
처음의 수
빼기 25
빼기 15
빼기 15
답 **550**

1.　　90 + 70 =

　　900 + 700 =

　　800 + 600 =

　　900 + 500 =

　　400 + 900 =

2.　　130 − 60 =

　　1300 − 600 =

　　1200 − 500 =

　　1400 − 700 =

　　1500 − 900 =

3.　14500 + 40 =

　　14500 + 400 =

　　14500 + 4000 =

　　14500 + 40000 =

　　45000 + 4000 =

4.　56760 − 30 =

　　56760 − 300 =

　　56760 − 3000 =

　　56760 − 30000 =

　　56760 − 6000 =

1. 2400 + 6300 =

4500 + 3500 =

9000 − 2800 =

8000 − 5200 =

7000 − 4900 =

2. 13000 + 7000 =

21000 + 35000 =

42000 + 24000 =

60000 − 3000 =

88000 − 47000 =

3. 빨간색 공과 노란색 공의 개수는 같습니다. 검은색 공은 빨간색 공보다 4개가 적습니다. 각 색깔별로 공들은 몇 개씩 있습니까?

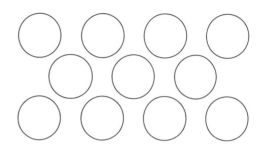

빨간색 공   노란색 공   검은색 공

공책에 연습하기

다음의 지도를 이용하여 문제를 푸시오.
거리의 단위는 km입니다.
각 문제들에 대한 식과 답을 쓰시오.

K3. 헬싱키 – 꼬우볼라 – 위바스낄라 – 헬싱키의 경로로 가는 여행은 모두 몇 km입니까?

K4. 위바스낄라 – 탐빼레 – 꼭꼴라 – 위바스낄라의 경로로 가는 여행은 총 몇 km입니까?

K5. 까야아니에서 위바스낄라로 가는 것이 꼬우볼라에서 위바스낄라로 가는 것보다 얼마나 더 멉니까?

K6. 헬싱키와 탐빼레의 왕복 여행 거리가 헬싱키와 뚜르꾸의 왕복 여행 거리보다 얼마나 더 멉니까?

20 62-63쪽 숙제

공책에 연습하기

K7. 99 + 999 + 9999

K8. 90000 - 66666 - 4446

각 문제에 대한 식을 쓰고 푸시오.

K9. 어머니는 운동복을 95유로로, 운동화를 85유로로 샀습니다. 모두 합해서 얼마입니까?

K10. 아버지는 운동복을 115유로에, 등산화를 89유로에 샀습니다. 300유로를 냈다면 거스름돈은 얼마입니까?

1. 다음의 모양을 가로, 세로, 높이가 각각 쌓기나무 5개인 정육면체로 만들려면 쌓기나무가 몇 개 더 필요합니까?

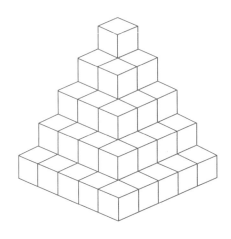

---

 21 64-65쪽 숙제

공책에 연습하기

K11. 60000 - 8989 - 6767

K12. 66606 + 5555 - 22161

각 문제에 대한 식을 쓰고 푸시오.

K13. 19999와 22222의 합에서 8888을 빼시오.

K14. 70000과 55555의 차에 7777을 더하시오.

K15. 90009와 38888의 차에서 6666을 빼시오.

1. 노란색 공과 빨간색 공의 개수가 검은색 공의 개수보다 각각 3개씩 더 많습니다. 3종류의 공의 개수는 각각 몇 개입니까?

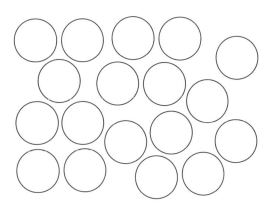

빨간색 공　　노란색 공　　검은색 공

뚜르꾸 성과 올라빈린나 성의 여름철 방문객 수

	5월	6월	7월	8월
뚜르꾸 성	19243	15977	31241	19609
올라빈린나 성	5730	15725	40057	26356

공책에 연습하기

K16. 4개월 동안 뚜르꾸 성을 방문한 사람들은 모두 몇 명입니까?

K17. 4개월 동안 올라빈린나 성을 방문한 사람들은 모두 몇 명입니까?

K18. 4개월 동안 올라빈린나 성을 방문한 사람들의 수가 뚜르꾸 성을 방문한 사람들의 수보다 얼마나 더 많습니까?

1. 3개의 직선을 그어서 각 구역에 공이 2개씩 있도록 정사각형을 나누시오.

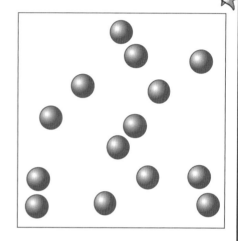

공책에 연습하기

K19. 22333 + 28778 − 8889

K20. 90123 − 9234 − 890

각 문제에 대한 식을 쓰시오.

K21. 55555와 5555의 합에서 49990을 빼시오.

K22. 91119와 89991의 차에 98862를 더하시오.

K23. 18080에서 89890과 79900의 차를 빼시오.

1. 처음의 수를 찾아내시오.

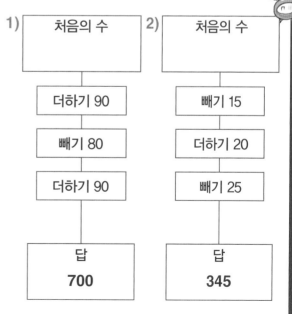

1)

처음의 수

더하기 90

빼기 80

더하기 90

답
700

2)

처음의 수

빼기 15

더하기 20

빼기 25

답
345

1. 빈칸에 알맞은 숫자를 쓰고, 그에 맞게 구슬을 그리시오.

1) 이만 삼백

2 0 3 0 0
만 천 백 십 일

2) 만 삼천사백

만 천 백 십 일

3) 사만 이십

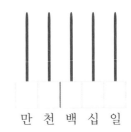

만 천 백 십 일

4) 만 이천십

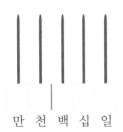

만 천 백 십 일

5) 만 삼천백

만 천 백 십 일

6) 만 천사

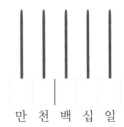

만 천 백 십 일

2. 다음 배지들의 가격을 구하시오.

1)

28센트

31센트

17센트

 =

 =

=

2)

36센트

22센트

26센트

 =

=

=

3)

36센트

30센트

30센트

 =

 =

 =

1. 더해서 답이 98765가 되도록 알맞은 수를 써넣으시오.

98765

1)

98000 +

98700 +

98705 +

98065 +

2)

90765 +

90065 +

90005 +

90700 +

90705 +

3)

8765 +

8005 +

8065 +

8700 +

4)

765 +

700 +

705 +

760 +

65 +

2. 패트릭은 주머니에 동전 3개가 있습니다. 그 동전들은 5센트일 수도, 10센트일 수도, 20센트일 수도 있습니다. 가능한 다양한 동전들의 조합을 쓰고 합을 쓰시오.

 센트

◯◯◯ 센트

◯◯◯ 센트

◯◯◯ 센트

◯◯◯ 센트

◯◯◯ 센트

◯◯◯ 센트

◯◯◯ 센트

◯◯◯ 센트

◯◯◯ 센트

1. 각 알파벳 문자가 뜻하는 수를 알아내고 오른쪽의 빈칸에 해당하는 알파벳 문자를 써넣으시오.

25860	25870	H	25890	P

M	25940	Y	25920	25910

25960	L	25980

S	26020	F	N	25990

26040	A	A	26070	26080

T	I	26110	E	26090

26140	26150	A

25900	26010
25880	26160
26100	25950
26050	26120
26030	25970
26060	25930
26000	
26130	

2. 어떤 연속하는 두 개의 수들을 더해야 다음의 답들이 나옵니까?

1) 41   +

2) 85   +

3) 501   +

4) 999   +

5) 159   +

3. 어떤 연속하는 세 개의 수들을 더해야 다음의 답들이 나옵니까?

1) 12   +   +

2) 3   +   +

3) 33   +   +

4) 150   +   +

5) 75   +   +

1. 다음 상품들의 가격은 모두 얼마입니까?

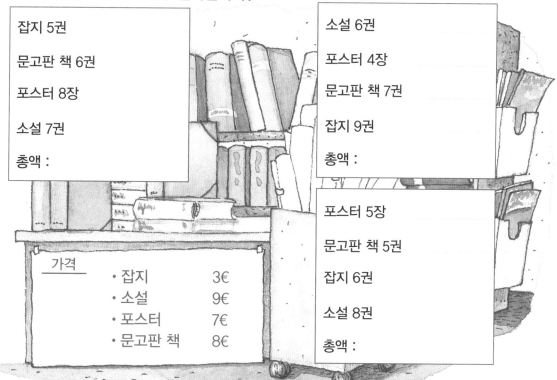

잡지 5권

문고판 책 6권

포스터 8장

소설 7권

총액 :

소설 6권

포스터 4장

문고판 책 7권

잡지 9권

총액 :

포스터 5장

문고판 책 5권

잡지 6권

소설 8권

총액 :

가격
- 잡지　　　　3€
- 소설　　　　9€
- 포스터　　　7€
- 문고판 책　8€

2. 어떤 수를 각 알파벳 문자와 바꿔 쓸 수 있습니까? O표를 하시오.

1)

15000 < A	15010	14900	15110	16100
26106 < B	26116	26006	27006	26100
31010 < C	31000	31001	31100	31110
20222 < D	20200	21000	20202	20230
90900 < E	89900	90090	90909	91899

2)

21600 > A	21585	21601	21590	21599
38900 > B	39000	38899	38901	38895
57850 > C	56900	57800	57851	57849
89990 > D	89909	89989	89991	89999
95320 > E	94999	95325	95319	95315

1. 구슬 3개로 나타낼 수 있는 다섯 자리의 수를 모두 쓰고, 구슬을 그려 넣으시오.

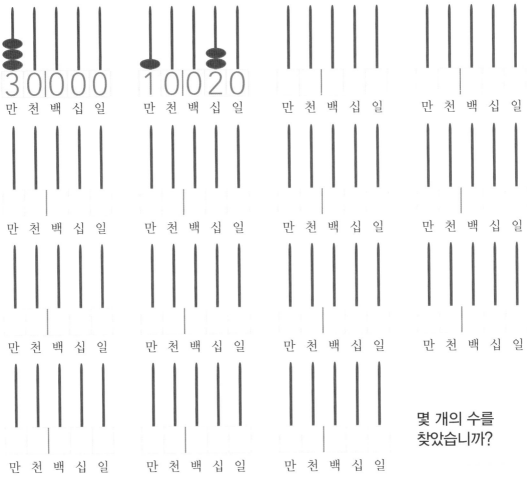

3 0 0 0 0
만 천 백 십 일

1 0 0 2 0
만 천 백 십 일

만 천 백 십 일

만 천 백 십 일

만 천 백 십 일

만 천 백 십 일

만 천 백 십 일

만 천 백 십 일

만 천 백 십 일

만 천 백 십 일

만 천 백 십 일

몇 개의 수를
찾았습니까?

만 천 백 십 일

만 천 백 십 일

만 천 백 십 일

2. 표시된 점들을 꼭지점으로 하는 정사각형을 6개 만드시오. 각각의 정사각형 크기를 다양하게 하세요.

3. 표시된 점들을 꼭지점으로 하는 직사각형을 6개 만드시오. 단, 각각의 직사각형들은 모두 크기가 달라야 합니다.

1. 규칙을 찾아 빈칸에 알맞은 그림을
그려 넣으시오.

1)

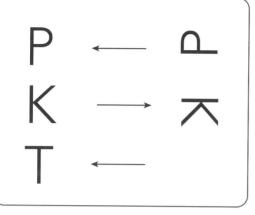

2. 파란색 공의 개수가 빨간색 공의 개수보다
1개 더 많습니다. 빨간색 공의 개수가
하얀색 공의 개수보다 2개 더 많습니다.
각 색깔의 공들이 몇 개씩 있습니까?

1)

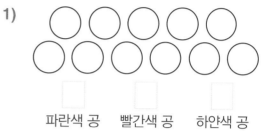

파란색 공   빨간색 공   하얀색 공

2)

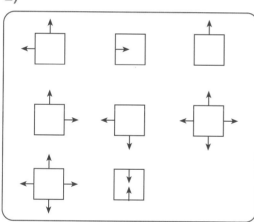

2)

파란색 공   빨간색 공   하얀색 공

3)

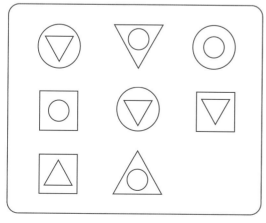

3)

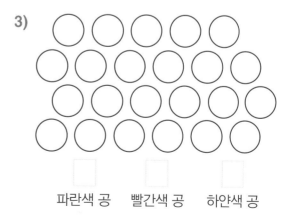

파란색 공   빨간색 공   하얀색 공

90999   83730

99990   95594

43990   99099

53950   49909

1. 위의 수들을 보고 알맞은 수를 고르시오. 찾은 수에는 O표를 하시오.

1) 이 수는 홀수입니다. 천의 자리가 9이고, 90000보다 큰 수입니다.

2) 이 수는 짝수입니다. 십의 자릿수가 50이고, 60000보다 작은 수입니다.

3) 자릿수들 중 2개가 9의 값을 가지고 있는 수입니다. 40000보다 큰 수이며, 백의 자리의 수가 천의 자리의 수보다 큰 수입니다.

4) 이 수는 홀수입니다. 일의 자릿수와 백의 자릿수의 값이 같습니다. 모든 자릿수의 합은 36입니다

5) 이 수의 어떤 하나의 자릿수는 0입니다. 만의 자릿수가 백의 사릿수보다 더 큽니다. 모든 자릿수의 합은 21입니다.

6) 이 수에서 9는 4번 등장합니다. 이 수는 95000보다 크고, 짝수입니다.

2. 자를 이용해서 다음의 모양들을 같은 크기와 모양의 네 조각으로 나누시오.

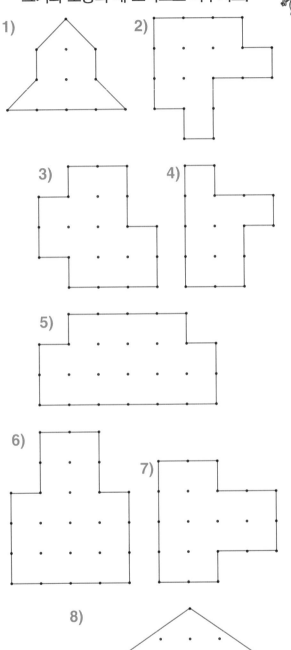

1)
2)
3)
4)
5)
6)
7)
8)

1. 수들을 가로, 세로, 대각선으로 더해도 모두 같은 수가 나오도록 표를 완성하시오.

2. 각 연필의 가격을 계산해 보시오.

1)

1) 20, 30, 40, 50, 60, 70, 80을 이용하시오.

합은 150입니다.

	90	
	10	

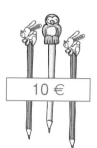 

10 €   14 €

2)

2) 30, 40, 50, 70, 80, 90, 100을 이용하시오.

합은 180입니다.

	60	
	20	

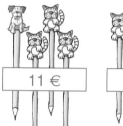 

11 €   13 €

3)

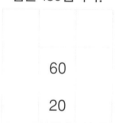

3) 30, 50, 60, 80, 90, 100, 110을 이용하시오.

합은 210입니다.

40		
	70	

5,60 €   6,60 €

4)

10,50 €   8,50 €

85

1. 빈칸에 알맞은 숫자를 써넣으시오.

1)
```
    5 4 0 4
  +       6
  ---------
    7 2   3
```

2)
```
    5 4 3 2 1
  +       0
  ---------
    9   0 8 0
```

3)
```
    4       7
  +     5 4
  ---------
    8 3 6 5
```

4)
```
      4   6
  + 3 8 5 3 8
  ---------
    9   7   4
```

5)
```
  - 2 3 4 5
  ---------
    2 8 6 5
```

6)
```
      7   5
  -     6   4
  ---------
    1 0 9 9
```

7)
```
  - 6 0 7 1 9
  ---------
      1 7 9 9
```

8)
```
      7   8
  - 3   4   9
  ---------
    1 4 7 7 1
```

2. 다음 문제들의 규칙을 찾아 빈칸을 알맞게 채워 넣으시오.

1)

2)

0		5	36			
	12	24		10		

3)
  4 7

1. 다음의 정육면체들은 서로 마주 보는 면에 반드시 같은 무늬가 있어야 합니다.
아직 접지 않은 이 정육면체들이 이러한 규칙들을 지키고 있습니까?
규칙을 지키고 있으면 '참'을, 그렇지 않으면 '거짓'을 쓰시오.

1)
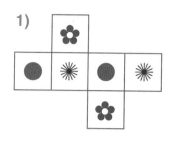

2)
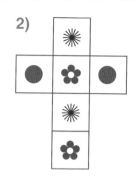

3)
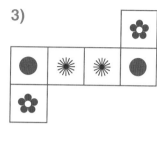

4)
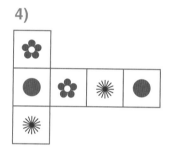

5)
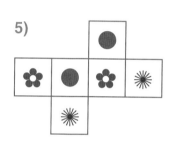

6)
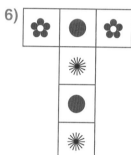

2. 같은 알파벳 문자는 항상 같은 숫자를 의미한다고 할 때,
각각의 알파벳 문자가 의미하는 숫자는 무엇입니까?

1) A + A + A = B   B = 60
    A + C = B   A =
    B + C + C = D   C =
                         D =

3) E = 25   F − E − E − E = E
    F =   G + E = F − E
    G =   G + G − E = H
    H =

2) J + J + J − K = K   J = 30
    L − J − J − J − J = J   K =
    L + J − M = M   L =
                         M =

4) N = 40   N + N + N − P = P
    P =   S = N + P
    R =   R = S − N − N
    S =

1. 빈칸에 해당하는 알맞은 조각을 찾아 그에 해당하는 알맞은 알파벳 문자를 쓰시오.

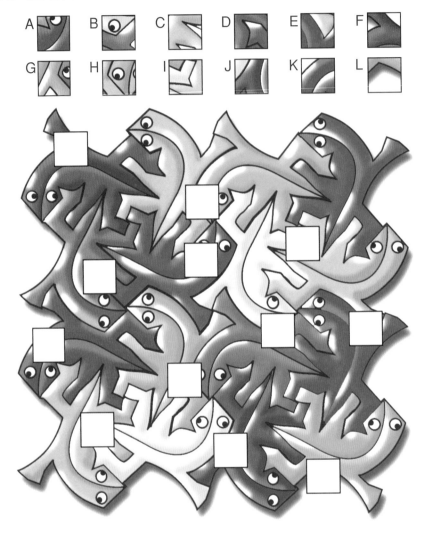

2. 주어진 숫자 다섯 개를 이용하여 50000보다 큰 수를 모두 만들어 보시오.
수 12개를 모두 만들 수 있습니까?

1. 아래의 식들을 계산하시오. 그리고 답에 해당하는 알파벳 문자를
   아래의 빈칸에 써넣으시오.

$2550 + 50 =$	I	$1750 + 60 =$	R
$3420 + 80 =$	D	$1870 + 70 =$	L
$3230 + 70 =$	N	$1690 + 90 =$	A
$2210 + 90 =$	A	$1780 + 60 =$	O
$2640 + 60 =$	E	$1890 + 70 =$	I
		$1410 + 90 =$	C

$2700 - 80 =$	V
$2600 - 90 =$	L
$3100 - 60 =$	L
$3300 - 70 =$	O
$2800 - 40 =$	S

$3000 - 80 =$	I
$2000 - 20 =$	N
$4000 - 50 =$	N
$3000 - 20 =$	N
$4000 - 70 =$	O

1500	1780	1810	1840	1940	1960	1980	2300		2510	2600	2620	2700	2760

2920	2980		3040	3230	3300	3500	3930	3950

3 곱셈

이것만은 기억합시다.

곱해지는 수와 곱하는 수는
곱셈의 요소입니다.

$$4 \times 8 = 32$$

곱해지는 수 곱하는 수 결과

수들의 자리가 바뀌어도
답은 같습니다.

$$4 \times 6 = 24$$
$$6 \times 4 = 24$$

1. $2 \times 4 =$

    $2 \times 3 =$

    $2 \times 6 =$

    $2 \times 8 =$

    $2 \times 5 =$

2. $2 \times 2 =$

    $2 \times 9 =$

    $2 \times 7 =$

    $2 \times 10 =$

    $2 \times 0 =$

3. $3 \times 3 =$

    $3 \times 7 =$

    $3 \times 2 =$

    $3 \times 4 =$

    $3 \times 6 =$

4. $3 \times 9 =$

    $3 \times 5 =$

    $3 \times 0 =$

    $3 \times 8 =$

    $3 \times 1 =$

5. $4 \times 2 =$

    $4 \times 8 =$

    $4 \times 0 =$

    $4 \times 3 =$

    $4 \times 7 =$

6. $4 \times 4 =$

    $4 \times 9 =$

    $4 \times 5 =$

    $4 \times 6 =$

    $4 \times 8 =$

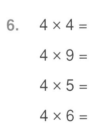

7. $5 \times 6 =$

    $5 \times 3 =$

    $5 \times 2 =$

    $5 \times 10 =$

    $5 \times 4 =$

8. $5 \times 8 =$

    $5 \times 5 =$

    $5 \times 7 =$

    $5 \times 9 =$

    $5 \times 0 =$

이브의 취미는 리듬 체조입니다.
리듬 체조는 춤과 체조를 합친 스포츠로 줄, 후프, 공, 곤봉, 그리고 리본을 이용합니다.

9. 이브는 일주일에 세 번 연습을 합니다.

1) 이브는 4주 동안 연습을 모두 몇 번 합니까?

2) 연습 시간은 1회에 2시간입니다.
   이브는 일주일 동안 모두 몇 시간 연습을
   합니까?

10. 5명으로 이루어진 8개 팀이 대회에
    참가합니다. 대회에는 리듬 체조 선수가
    모두 몇 명 참가하게 됩니까?

11. 대회 일주일 전부터는 연습을 3시간씩
    5번 했습니다. 대회 전 일주일 동안
    이브는 모두 몇 시간 동안 연습을 했습니까?

12.

$7 \times 2 + 12 =$

$5 \times 4 + 34 =$

$3 \times 5 + 23 =$

$4 \times 2 + 51 =$

13.

$5 \times 4 - 8 =$

$7 \times 5 - 4 =$

$7 \times 4 - 9 =$

$9 \times 3 - 8 =$

14.

$12 \div 3 =$

$16 \div 4 =$

$18 \div 2 =$

$20 \div 5 =$

15.

$32 \div 4 =$

$27 \div 3 =$

$16 \div 2 =$

$35 \div 5 =$

계산 순서

1. 가장 먼저 괄호 안의 것들을 계산합니다.

$$4 \times \overset{5}{(\underline{7-2})} + 2 =$$

2. 그리고 왼쪽에서 오른쪽 방향 순서대로 곱셈과 나눗셈을 계산합니다.

$$\overset{20}{\underline{4 \times 5}} + 2 =$$

3. 마지막으로 왼쪽에서 오른쪽 방향 순서대로 덧셈과 뺄셈을 계산합니다.

다음 식들을 계산 순서에 맞게 계산하시오. 그리고 계산의 첫 번째 단계의 답을 식 위에 쓰시오.

1.

$2 + 3 \times 2 =$

$(2 + 3) \times 2 =$

$8 + 2 \times 2 =$

$(8 + 2) \times 2 =$

$8 - 2 + 2 =$

2.

$20 - 15 \div 5 =$

$(20 - 15) \div 5 =$

$20 + 15 \div 5 =$

$(20 + 15) \div 5 =$

$20 - 15 + 5 =$

3.

$4 \div 2 + 5 \times 4 =$

$12 \div (3 + 3) \times 3 =$

$4 \times (4 - 2) \times 3 =$

$18 \div 3 - 15 \div 5 =$

$8 \times 5 + 3 \times 9 =$

4.

$4 + 5 \times 5 + 2 =$

$(2 + 2) \times 3 + 7 =$

$30 - 3 \times 7 - 6 =$

$4 + 2 \times (9 - 2) =$

$(20 - 17) \times (36 - 3) =$

- 20% 겨울 맞이 세일 행사

· 모자	5€
· 벙어리장갑	6€
· 양말	4€
· 스카프	2€

다음 문제의 식을 쓰고 문제를 푸시오.

5. 다음 상품들의 가격은 얼마입니까?

1) 모자 3개와 스카프 1개

식 :

답 :

2) 양말 1켤레와 모자 4개

식 :

답 :

3) 스카프 3개와 벙어리장갑 2개

식 :

답 :

6. 어머니는 벙어리장갑을 3켤레 샀습니다. 어머니가 20유로를 낸다면 거스름돈은 얼마입니까?

식 :

답 :

7. 모자 5개가 양말 5켤레보다 얼마나 더 비쌉니까?

식 :

답 :

8. 양말 4켤레가 벙어리장갑 4켤레보다 얼마나 더 쌉니까?

식 :

답 :

반드시 외워 둡시다.

$$6 \times 6 = 36$$
$$7 \times 6 = 42 \qquad 7 \times 7 = 49$$
$$8 \times 6 = 48 \qquad 8 \times 7 = 56$$
$$9 \times 6 = 54 \qquad 9 \times 7 = 63$$

1.　$4 \times 6 =$

　　$0 \times 6 =$

　　$6 \times 6 =$

　　$8 \times 6 =$

　　$5 \times 6 =$

2.　$3 \times 7 =$

　　$9 \times 6 =$

　　$7 \times 6 =$

　　$10 \times 6 =$

　　$4 \times 7 =$

3.　$9 \times 7 =$

　　$7 \times 7 =$

　　$5 \times 7 =$

　　$8 \times 7 =$

　　$6 \times 7 =$

4.　　$\times 7 = 21$

　　　$\times 6 = 36$

　　　$\times 6 = 48$

　　　$\times 7 = 35$

　　　$\times 7 = 56$

5.　　$\times 6 = 54$

　　　$\times 7 = 42$

　　　$\times 7 = 49$

　　　$\times 6 = 42$

　　　$\times 7 = 63$

6.　$6 \times \quad = 18$

　　$7 \times \quad = 28$

　　$6 \times \quad = 30$

　　$6 \times \quad = 54$

　　$7 \times \quad = 56$

7.　$3 \times (80 - 30) =$

　　$(40 + 30) \times 5 =$

　　$8 \times (90 - 70) =$

　　$(50 - 20) \times 9 =$

　　$6 \times (30 + 30) =$

8.　$100 + 6 \times 30 =$

　　$550 - 9 \times 60 =$

　　$10 + 7 \times 70 =$

　　$6 \times (50 + 20) =$

　　$(9 - 2) \times (40 + 40) =$

9. 4명으로 이루어진 여섯 가족과 6명으로 이루어진 두 가족이 파란색 건물에 살고 있습니다. 파란색 건물에 살고 있는 사람들은 모두 몇 명입니까?

식 :

답 :

10. 4명으로 이루어진 일곱 가족과 2명으로 이루어진 다섯 가족이 노란색 건물에 살고 있습니다. 노란색 건물에 살고 있는 사람들은 모두 몇 명입니까?

식 :

답 :

11. 갈색 건물에 사는 한 가족은 아이가 4명 있고, 네 가족은 각각 아이가 2명 있으며, 여섯 가족은 각각 아이가 3명 있습니다. 갈색 건물에 살고 있는 아이들은 모두 몇 명입니까?

식 :

답 :

12. 5명으로 이루어진 일곱 가족과 6명으로 이루어진 여섯 가족이 빨간색 건물에 살고 있습니다. 빨간색 건물에는 모두 몇 명이 살고 있습니까?

식 :

답 :

반드시 외워 둡시다.

이제 여러분은 모든 구구단을 알고 있지요?

$8 \times 8 = 64$ $9 \times 8 = 72$ $9 \times 9 = 81$

1. $10 \times 8 =$
    $4 \times 8 =$
    $6 \times 8 =$
    $5 \times 8 =$
    $9 \times 8 =$

2. $3 \times 9 =$
    $4 \times 9 =$
    $7 \times 8 =$
    $6 \times 9 =$
    $8 \times 8 =$

3. $7 \times 9 =$
    $8 \times 9 =$
    $0 \times 9 =$
    $5 \times 9 =$
    $9 \times 7 =$

4. $ \times 9 = 27$
    $ \times 8 = 32$
    $ \times 9 = 45$
    $ \times 8 = 40$
    $ \times 8 = 56$

5. $ \times 8 = 64$
    $ \times 9 = 63$
    $ \times 9 = 81$
    $ \times 8 = 48$
    $ \times 9 = 72$

6. $8 \times = 24$
    $9 \times = 54$
    $8 \times = 56$
    $8 \times = 64$
    $9 \times = 36$

7. $6 \times (40 + 40) =$

    $(100 - 10) \times 5 =$

    $8 \times (60 - 20) =$

    $(30 + 30) \times 9 =$

    $6 \times (70 + 20) =$

8. $50 + 5 \times 90 =$

    $60 + 3 \times 80 =$

    $8 \times 90 - 20 =$

    $4 \times (100 - 20) =$

    $(10 - 3) \times (30 + 50) =$

9. 피터는 화요일 오후 5시 30분에서 7시 30분까지 미술 학교에 있다 옵니다. 8주 동안 피터가 미술 학교에서 보내는 시간은 모두 몇 시간입니까?

11. 안나는 8개월 동안 한 달에 7장씩 그림을 그렸습니다. 그리고 진흙 작품 12개를 완성했습니다. 안나가 완성한 미술 작품은 모두 몇 개입니까?

10. 겨울 전시회를 위해서 아이들 9명이 그들이 정한 그림을 확대해서 그렸습니다. 각 학생은 그림을 8장 그렸습니다. 학생들이 그린 그림은 모두 몇 장입니까?

12. 미술 학교는 9개월 동안 계속됩니다. 피터는 8개월 동안 한 달에 6개씩 작품을 완성했고, 5월에는 작품을 2개 완성했습니다. 피터가 미술 학교에서 완성한 작품은 모두 몇 개입니까?

13.

30 ÷ 6 =

63 ÷ 7 =

49 ÷ 7 =

54 ÷ 6 =

14.

32 ÷ 8 =

64 ÷ 8 =

81 ÷ 9 =

48 ÷ 8 =

15.

36 ÷ 6 =

72 ÷ 9 =

42 ÷ 7 =

56 ÷ 8 =

16.

63 ÷ 9 =

56 ÷ 7 =

45 ÷ 9 =

72 ÷ 8 =

몇십, 몇백, 몇천의 곱셈

- 먼저 뒤에 있는 0을 빼고 수들을 곱하시오.
- 그리고 남은 0들을 곱한 숫자에 붙이시오.

$$\overset{2}{100 \times 20} = 2000 \qquad \overset{8}{20 \times 40} = 800 \qquad \overset{30}{60 \times 50} = 3000$$

1.

$10 \times 15 =$

$100 \times 83 =$

$1000 \times 17 =$

$287 \times 10 =$

$100 \times 175 =$

2.

$100 \times 20 =$

$10 \times 300 =$

$500 \times 100 =$

$800 \times 10 =$

$600 \times 100 =$

3.

$20 \times 40 =$

$40 \times 30 =$

$30 \times 60 =$

$20 \times 70 =$

$40 \times 80 =$

4.

$20 \times 50 =$

$50 \times 60 =$

$40 \times 50 =$

$80 \times 50 =$

$80 \times 30 =$

5.

$20 \times 400 =$

$30 \times 600 =$

$700 \times 40 =$

$40 \times 500 =$

$500 \times 60 =$

6.

$11 \times 30 =$

$12 \times 20 =$

$14 \times 200 =$

$13 \times 300 =$

$12 \times 300 =$

난쟁이 고슴도치

아이린은 아프리카 난쟁이 고슴도치를
애완동물 가게에서 샀습니다.

갓 태어났을 때 고슴도치는 가시가 없었고
무게는 10g 정도밖에 안 됩니다.
태어난 지 한 시간이 되자마자 고슴도치의
가시가 나타납니다.

다 자란 난쟁이 고슴도치는 400g 정도 되고
길이는 15cm 정도입니다.
난쟁이 고슴도치의 방은 온도가
24℃ 정도 되어야 합니다.

낮 동안 난쟁이 고슴도치는
자신의 우리에서 자지만,
밤이 되면 아이린은 고슴도치가
방에서 자유롭게 뛰놀게 해 줍니다.
고슴도치는 쳇바퀴 위에서 뛰는 것도
좋아합니다.

다음 문제에 대한 식을 쓰고 계산하시오.

7. 난쟁이 고슴도치의 몸무게는 매주 10g씩
   늘어납니다. 아기 고슴도치가 태어난 지
   8주가 되었을 때 몸무게는 대략 어느 정도
   됩니까?

   식 :

   답 :

8. 아이린의 고슴도치는 하룻밤에 11km를
   뜁니다. 만약 고슴도치가 매일 같은
   거리를 뛴다면 고슴도치는 일주일에
   얼마나 많은 거리를 뜁니까?

   식 :

   답 :

9. 숲 고슴도치는 1kg이고, 난쟁이 고슴도치는
   400g입니다. 숲 고슴도치 한 마리가
   난쟁이 고슴도치 2마리보다 얼마나 더
   무겁습니까?

   식 :

   답 :

10. 난쟁이 고슴도치는 낮 동안 먹이를
    20g 정도 먹고 밤에는 먹이를 40g 정도
    먹습니다. 고슴도치는 일주일에 먹이를
    얼마나 먹습니까?

    식 :

    답 :

빈칸에 들어갈 알맞은 수는 무엇입니까?

3 × ___ = 120

이렇게 생각하면
풀 수 있습니다.
만약 3×4 = 12 이면,
3×40 = 120

빈칸에 알맞은 숫자를 써넣으시오.

1. 6 × ___ = 24
    6 × ___ = 240
    6 × ___ = 2400
    40 × ___ = 2400
    400 × ___ = 2400

2. 9 × ___ = 45
    9 × ___ = 450
    9 × ___ = 4500
    50 × ___ = 4500
    500 × ___ = 4500

3. 7 × ___ = 56
    7 × ___ = 560
    7 × ___ = 5600
    80 × ___ = 5600
    800 × ___ = 5600

4. 7 × ___ = 3500
    7 × ___ = 490
    6 × ___ = 3000
    4 × ___ = 360
    9 × ___ = 4500

5. ___ × 60 = 5400
    ___ × 70 = 560
    ___ × 80 = 7200
    ___ × 90 = 630
    ___ × 80 = 4800

6. 5 × ___ = 250
    ___ × 70 = 4900
    9 × ___ = 8100
    ___ × 60 = 3600
    8 × ___ = 6400

7. 알맞은 숫자로 빈칸을 채워서 곱셈표를 완성하시오.

×	3	20	60		80	
5						
	21					
50						
		1400		4900		
	240					7200

8. 같은 모양, 같은 무게의 빵이 있습니다.
다음의 무게들을 계산하시오.

200g

400g

1)
단팥빵 2개

단팥빵 3개

단팥빵 8개

단팥빵 30개　　　kg　　　　g

2)
밤빵 4개

밤빵 7개

밤빵 9개

밤빵 40개　　　kg　　　　g

먼저 곱하기 가장 쉬운 숫자들에 밑줄을 긋고, 곱셈을 하시오.

1. 8 × 2 × 5 =

    2 × 5 × 9 =

    3 × 6 × 3 =

    7 × 2 × 2 =

    3 × 9 × 2 =

3. 8 × 20 × 50 =

    20 × 7 × 50 =

    40 × 20 × 5 =

    70 × 50 × 2 =

    9 × 50 × 20 =

2. 6 × 7 × 5 =

    8 × 5 × 7 =

    4 × 4 × 5 =

    5 × 3 × 6 =

    4 × 8 × 5 =

4. 6 × 30 × 10 =

    40 × 7 × 10 =

    10 × 6 × 20 =

    10 × 20 × 30 =

    40 × 10 × 20 =

5. 마이크의 집에서 수영장까지는 600m입니다. 마이크의 집에서 수영장을 왕복하는 거리는 얼마나 됩니까?

식 :

답 :

6. 사라의 집에서 수영장까지는 500m입니다. 사라는 일주일에 수영 연습을 세 번 합니다. 사라가 매주 집에서 수영장까지 오가는 거리는 모두 얼마나 됩니까?

식 :

답 :

7. 수영 연습 한 번은 두 시간입니다. 매튜는 일주일에 3번 연습을 합니다. 매튜가 4주 동안 수영을 연습하는 시간은 모두 몇 시간입니까?

식 :

답 :

8. 수잔은 항상 연습 시간마다 3000m를 수영합니다. 그녀는 일주일에 2번 연습을 합니다. 수잔이 4주 동안 수영을 하는 총 거리는 얼마나 됩니까?

식 :

답 :

다음 식들을 계산하시오. 그리고 계산의 첫 번째 단계의 답을 식 위에 쓰시오.

9. $\quad 45 - 40 \div 5 =$

$\quad (45 - 40) \div 5 =$

$\quad 7 \times 6 + 6 \times 6 =$

$\quad 56 \div 7 + 72 \div 9 =$

10. $\quad 2 + 6 \times 6 + 2 =$

$\quad (90 - 9) \div (3 \times 3) =$

$\quad (10 - 2) \times 4 - 5 =$

$\quad 9 + 8 \times (12 - 5) =$

알아둡시다.

4×196

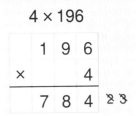

- 일의 자리 $(4 \times 6 = 24)$를 계산하세요.
  2를 남겨서 답 칸 옆에 써 두고, 4를 일의 자리에 씁니다.

- 십의 자리의 곱셈을 한 것과 일의 자리에서 남겼던 2를
  더한 뒤$(4 \times 9 + 2 = 38)$(2는 지우시오.),
  3을 남겨서 답 칸 옆에 써 두시오.
  그리고 8은 십의 자리에 씁니다.

- 백의 자리의 곱셈을 한 것과 십의 자리에서 남겼던
  3을 더한 뒤$(4 \times 1 + 3 = 7)$(3은 지우시오.),
  7을 백의 자리에 씁니다.

1.

1)
```
    1 7 9
  ×     5
```

2)
```
    5 0 6
  ×     6
```

3)
```
    8 5 2
  ×     3
```

4)
```
    4 5 6
  ×     8
```

5)
```
    8 2 6
  ×     6
```

6)
```
    6 6 4
  ×     7
```

7)
```
    3 8 0
  ×     9
```

8)
```
    7 7 8
  ×     7
```

9)
```
    3 9 9
  ×     8
```

애완동물

2.90 €

스키의 즐거움

3.90 €

승마

4.70 €

스케이트 보드 타기

6.80 €

2. 다음은 모두 얼마입니까?

1) 스키의 즐거움 잡지 4권

3) 승마 잡지 5권

2) 스케이트보드 잡지 3권

4) 애완동물 잡지 6권

공책에 연습하기

42. **1)** 3 × 707
2) 6 × 390

43. **1)** 8 × 264
2) 9 × 337

각 문제에 대한 식을 쓰시오. (1유로 = 100센트)

44. 필립은 잡지 4권을 한 권당 2.70유로에 샀습니다.
그가 15유로를 냈다면 거스름돈은 얼마입니까?

45. 폴린은 잡지 3권을 한 권당 2.80유로에 사고,
아이스크림 4개를 한 개당 0.95유로씩에
샀습니다. 그녀가 15유로를 냈다면
거스름돈은 얼마입니까?

(세 자리 수)와 (두 자리 수)의 곱셈 1

32 × 213

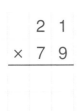

```
      2 1 3
  ×  ₁3 2
  ─────────
      4 2 6
+   6 3 9
  ─────────
    6 8 1 6
```

- 먼저 213을 일의 자릿수 숫자와 곱합니다.
- 그리고 213을 십의 자릿수의 숫자와 곱합니다.
- 213과 십의 자릿수를 곱한 수의 일의 자리가 십의 자리에 놓이도록 정렬합니다.
- 마지막으로 213을 곱해서 나온 두 수를 더합니다.

1. 아래 문제들을 곱셈하시오.
   십의 자릿수를 곱해서 나온 답을 쓸 때 맨 뒤의 일의 자리는 비워 두시오.

1)
```
      2 1
  ×   7 9
  ────────

+
  ────────
```

2)
```
      7 2
  ×   3 4
  ────────

+
  ────────
```

3)
```
      8 2
  ×   2 3
  ────────

+
  ────────
```

4)
```
      9 3
  ×   3 2
```

5)
```
      4 1
  ×   7 6
```

6)
```
      4 1
  ×   5 6
```

7)
```
    2 2 2
  ×   4 1
  ────────
```

8)
```
    3 3 3
  ×   2 3
  ────────
```

2. 한 봉지가 한 달 동안 먹는 양일 때, 1년 동안의 양은 어떻게 되는지 계산하시오.
   답을 kg과 g 단위로 쓰시오.

1)

물고기 먹이
220g

답 :

4)

고양이 먹이 740g

답 :

2)

새 모이 430g

답 :

3)

쥐과 동물 먹이
640g

답 :

공책에 연습하기

46. 1) 23 × 32
    2) 31 × 33

47. 1) 123 × 33
    2) 212 × 42

48. 1) 765 × 4
    2) 694 × 5

49. 1) 675 × 8
    2) 948 × 7

(세 자리 수)와 (두 자리 수)의 곱셈 2

59×264

```
          2 6 4
      ×     5 9
      2 3 7 6    35
  +  1 3 2 0      23
    1 5 5 7 6
```

- 일의 자릿수 곱셈에서 올려지는 숫자는 남겨서 답 첫 번째 줄 옆에 써 두고, 십의 자릿수 곱셈에서 올려지는 숫자는 답 두 번째 줄 옆에 쓰시오.

- 남겨진 수를 올린 후에는 숫자를 차례대로 지워 주시오.

1.
```
    2 3 4
  ×   4 5

  +
```

2.
```
    3 4 5
  ×   5 6

  +
```

3.
```
    5 6 7
  ×   6 7

  +
```

4.
```
    5 0 6
  ×   8 3
```

5.
```
    7 1 8
  ×   9 2
```

6.
```
    8 2 9
  ×   7 4
```

7.
```
    7 7 6
  ×   3 8
```

8.
```
    8 8 5
  ×   2 9
```

9.
```
    9 9 4
  ×   4 6
```

문구류 가격표

연필	13센트
지우개	19센트
공책	52센트
메모장	59센트
공책 커버	23센트
수채화 물감	90센트
붓	91센트
색연필	1.86유로
크레용	2.11유로

※1유로 = 100센트

공책에 연습하기

각 문제에 대한 식을 쓰고 계산하시오.

50. 다음 상품들의 금액은 모두 얼마입니까?

1) 연필 32개

2) 메모장 64개

3) 수채화 물감 32상자와 붓 32개

51. 소피는 1년에 연필 6개와 지우개 4개를 씁니다. 모두 다 합해서 얼마입니까?

52. 공책 4권과 공책 커버 3개를 사려면 모두 얼마를 내야 합니까?

53. 학생 28명이 크레용을 하나씩 사는 것이 색연필 하나씩을 사는 것보다 얼마나 더 비쌉니까?

십의 자리의 수를 곱할 때

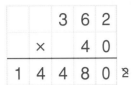

곱하는 수의
일의 자리에 0이 있습니다.

```
      3 6 2
    ×   4 0
  1 4 4 8 0 2
```

• 이럴 때 곱셈은 곧바로 십의 자리의 수부터 시작되고
  십의 자리부터 숫자들을 차례로 나열하면 됩니다.
  (4×2=8)
• 0은 맨 끝의 일의 자리에 쓰면 됩니다.

1. 다음의 식들을 계산하시오.
그리고 문제의 각 알파벳 문자를 아래 빈칸의 알맞은 자리에 써넣으시오.

1)
```
      6 1 5
    ×   5 0
```
R

2)
```
      3 4 6
    ×   3 0
```
N

3)
```
      7 2 3
    ×   6 0
```
E

4)
```
        9 8
    ×   9 0
```
I

5)
```
      6 8 9
    ×   2 0
```
H

6)
```
      7 0 9
    ×   4 0
```
O

7)
```
        9 9
    ×   8 0
```
F

8)
```
      1 4 6
    ×   7 0
```
N

9)
```
      5 6 6
    ×   6 0
```
S

7920	8820	10220	10380	13780	28360	30750	33960	43380

승마장

단체 강습 (1번)	29€
시즌권 (10번의 강습 포함)	244€
개인 강습 (1번)	48€
초급자 과정 (어린이)	273€
초급자 과정 (어른)	304€
안내인이 말 태워 주기 (30분)	12€

공책에 연습하기

각 문제에 대한 식을 쓰시오.

54. 멜리사는 1년에 시즌권을 3장 삽니다. 모두 다 합해서 얼마입니까?

55. 단체 강습을 10번 받는 것이 시즌권 1장을 사서 강습을 10번 듣는 것보다 얼마나 더 비쌉니까?

56. 개인 강습을 5번 받는 것이 단체 강습을 5번 받는 것보다 얼마나 더 비쌉니까?

57. 어른 2명의 초급자 과정이 어린이 2명의 초급자 과정보다 얼마나 더 비쌉니까?

58. 1) 70 × 335
   2) 60 × 576

59. 1) 80 × 679
   2) 90 × 384

1. 다음의 식들을 계산하시오.
   그리고 문제의 각 알파벳 문자를 아래 빈칸의 알맞은 자리에 써넣으시오.

1)
```
      9 6 6
  ×     2 3
```

E

2)
```
      6 3 9
  ×     2 4
```

A

3)
```
      3 4 7
  ×     3 4
```

P

4)
```
      2 1 6
  ×     5 8
```

E

5)
```
      4 8 4
  ×     7 7
```

F

6)
```
      2 3 4
  ×     6 9
```

C

7)
```
      6 5 6
  ×     8 6
```

L

8)
```
      6 7 8
  ×     6 6
```

U

| 11798 | 12528 | 15336 | 16146 | 22218 | 37268 | 44748 | 56416 |

파란색 막대는 핀란드의 호수가 얼어 있는 기간을 나타냅니다.

언 날	10월	11월	12월	1월	2월	3월	4월	5월	녹은 날
1994. 12. 30									1995. 4. 29
1995. 10. 26									1996. 4. 23
1996. 12. 5									1997. 5. 8
1997. 11. 20									1998. 4. 27
1998. 11. 10									1999. 4. 30
1999. 12. 15									2000. 4. 21
2000. 12. 25									2001. 4. 22
2001. 11. 20									2002. 4. 16
2002. 10. 19									2003. 5. 11
2003.11. 1									2004. 4. 30

2. 막대그래프를 보고 맞는 것에는 '참'을, 틀린 것에는 '거짓'을 쓰시오.

1) 1994년에 호수는 12월 말에 얼었다. _____

2) 호수는 1996년에 1997년보다 더 일찍 얼었다. _____

3) 호수는 2002년에 가장 일찍 얼었다. _____

4) 호수는 1994년에 가장 늦게 얼었다. _____

5) 호수의 얼음은 2000년에 가장 일찍 녹았다. _____

6) 2002년과 2003년 사이에 호수는 1년의 반이 넘도록 얼어 있었다. _____

7) 호수가 얼어 있던 기간이 가장 짧았던 때는 1999년과 2000년 사이이다. _____

8) 호수는 10월에 얼기 시작한 적이 딱 한 번 있다. _____

스스로 해 보기

스카우트 단	단원의 수
방랑자	25명
숲의 현인	34명
달리는 자매들	28명
숲의 거주자들	47명

스카우트 도구	가격
목도리	5.50€
허리띠	14.00€
배지	1.35€
코펠	3.90€

위의 표를 이용해서 빠진 정보들을 스스로 정해서 써넣으시오. 그리고 문제를 푸시오.

1. 샘은 스카우트 단원입니다.
   그는 _____ 스카우트 단에 속해 있습니다.
   샘의 스카우트 단의 단원들은 모두 _____ 을 샀습니다.
   산 물건들의 가격의 합은 얼마입니까?

   답 : _____

2. _____ 스카우트 단의 모든 단원들이
   _____ 와/과 _____ 을/를 하나씩 샀습니다.
   모두 얼마입니까?

   답 : _____

3. _____ 을/를 방랑자 단원들의 $\frac{1}{5}$ 이 샀고,
   _____ 단원들의 $\frac{1}{2}$ 이 샀습니다.
   모두 얼마입니까?

   답 : _____

114

	남자 형제가 없음.	남자 형제가 1명 있음.	남자 형제가 2명 이상 있음.
여자 형제가 없음.	스코트, 라우라	제프, 노라	낸시, 알렉스
여자 형제가 1명 있음.	패트릭, 안나	조나단	마이클
여자 형제가 2명 이상임.	빅터, 올리비아	윌리엄, 자넷	엠마, 마틴

▬▬▬ 남자 어린이
▦▦▦ 여자 어린이

4. 표에 있는 어떤 어린이가 문제의 설명과 일치합니까?

1) 이 어린이는 여자입니다. 여자 형제만 한 명 있습니다.

2) 이 어린이는 남자입니다. 형제가 없습니다.

3) 이 어린이는 남자입니다. 남자 형제만 한 명 있습니다.

4) 이 어린이는 형제가 네 명 있습니다. 모두 여자 형제입니다.

5) 이 어린이는 남자입니다. 형제가 모두 세 명인데, 여자 형제는 두 명입니다.

6) 이 어린이는 남자입니다. 형제가 모두 네 명인데, 남자 형제는 두 명입니다.

7) 이 어린이는 여자입니다. 형제가 모두 세 명인데, 형제 중 그녀만 여자입니다.

8) 이 어린이는 여자입니다. 형제가 모두 네 명인데, 그중 남자 형제는 한 명입니다.

9) 이 어린이는 남자입니다. 형제가 모두 네 명인데, 그중 한 명은 여자입니다.

10) 이 어린이는 남자입니다. 형제는 모두 다섯 명인데, 여자 형제 두 명과 남자 형제 세 명이 있습니다.

1. 각 도형들을 A에서 B 방향으로 접었습니다. 접은 모양은 어떤 모양일까요?
   원래의 도형들과 그것들을 접은 모양들을 찾아 빈칸에 알맞은 알파벳 문자를 쓰시오.

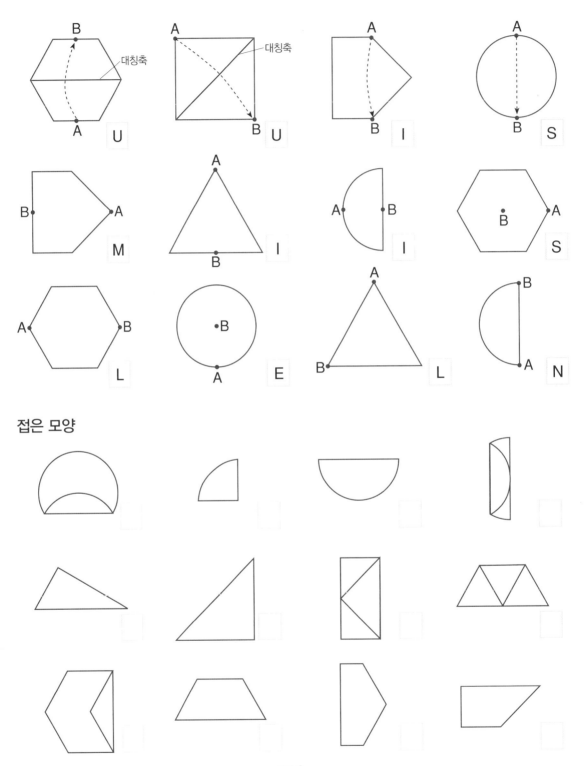

접은 모양

동그라미에 들어갈 알맞은 수들을 찾아 써넣으시오.

2. 1) 두 수의 곱은 40이고 두 수의 차는 30이다.

2) 두 수의 곱은 180이고 두 수의 합은 90이다.

3) 두 수의 곱은 240이고 두 수의 차는 50이다.

4) 두 수의 곱은 300이고 두 수의 합은 130이다.

5) 두 수의 곱은 500이고 두 수의 차는 230이다.

3. 1) 세 수의 곱은 80이고 세 수의 합은 60이다.

2) 세 수의 곱은 60이고 세 수의 합도 60이다.

3) 세 수의 곱은 180이고 세 수의 합은 80이다.

4) 세 수의 곱은 240이고 세 수의 합은 90이다.

5) 세 수의 곱은 200이고 세 수의 합은 90이다.

1. $4 \times 2 =$

$5 \times 3 =$

$7 \times 3 =$

$8 \times 2 =$

$6 \times 2 =$

3. $6 \times 4 =$

$5 \times 5 =$

$7 \times 4 =$

$8 \times 5 =$

$6 \times 5 =$

2. $4 \times 3 =$

$9 \times 2 =$

$6 \times 3 =$

$1 \times 3 =$

$0 \times 2 =$

4. $4 \times 4 =$

$9 \times 5 =$

$8 \times 4 =$

$4 \times 5 =$

$9 \times 4 =$

5. 어떤 잡지가 일 년에 8번 발행됩니다. 잡지를 낱권으로 살 때는 한 권에 4유로입니다. 이 잡지의 1년 정기 구독요금은 28유로입니다. 만약 이 잡지를 1년 동안 정기 구독한다면 1년 동안 하나씩 사는 것보다 몇 유로를 절약할 수 있습니까?

식 :

답 :

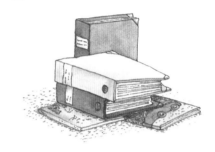

1. $2 \times (5 + 4) =$

$3 \times (8 - 1) =$

$5 \times (9 - 3) =$

$(11 - 6) \times 7 =$

$(2 + 2) \times 9 =$

3. $(10 + 4) \div 2 =$

$15 + 6 \div 3 =$

$15 - 9 \div 3 =$

$(16 + 2) \div 3 =$

$(19 - 7) \div 4 =$

2. $4 \times 3 + 5 =$

$9 - 2 \times 4 =$

$2 + 2 \times 8 =$

$2 + 3 \times 3 =$

$8 - 3 \times 2 =$

4. $4 + 20 \div 4 =$

$15 - 10 \div 5 =$

$18 \div 2 + 7 =$

$8 + 8 \div 4 =$

$16 \div 4 + 4 =$

5. 사라진 모양 두 개를 찾아 알맞게 그려 넣으시오.

1. 다음 물음에 답하시오.

1) 6의 배수들에 O표를 하시오.

36 60 24 18 30 6 54

12 28 64 42 56 48 20

2) 7의 배수들에 O표를 하시오.

21 42 28 45 70 56 14

48 7 35 54 63 32 49

2. 포비는 하나에 6유로인 피자를 일곱 판 샀습니다. 포비가 50유로를 냈다면 거스름돈은 얼마입니까?

3. 매튜는 하나에 2유로인 아이스크림을 7개 샀습니다. 매튜가 50유로를 냈다면 거스름돈은 얼마입니까?

4. 파란색 쌓기나무의 높이는 얼마입니까?

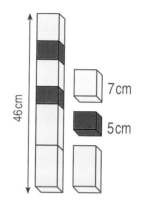

46cm

7cm

5cm

---

1. 다음 물음에 답하시오.

1) 8의 배수들에 O표를 하시오.

48 8 36 64 80 40 16

56 32 28 72 54 24

2) 9의 배수들에 O표를 하시오.

36 63 28 9 54 18

81 32 45 49 72 27 90

2. 빈 상자의 무게는 30g이고 펜 한 자루는 8g입니다. 상자에 펜을 6개 넣는다면 무게가 얼마나 됩니까?

3. 하나에 9g인 크레용 6개가 들어간 크레용 한 상자는 75g입니다. 빈 상자의 무게는 얼마입니까?

4. 사라진 모양 두 개를 찾아 알맞게 그려 넣으시오.

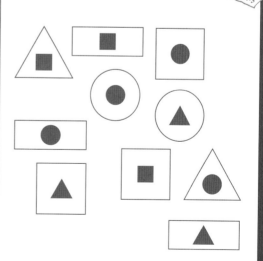

1.
18 × 10 =

100 × 24 =

10 × 70 =

60 × 100 =

10 × 450 =

2. 30 × 300 =

20 × 300 =

10 × 960 =

40 × 200 =

200 × 20 =

3. 20 × 80 =

30 × 50 =

40 × 70 =

2 × 600 =

50 × 90 =

4. 200 × 5 =

800 × 5 =

60 × 50 =

50 × 40 =

80 × 30 =

5. 빨간색 쌓기나무의 높이는 얼마입니까?

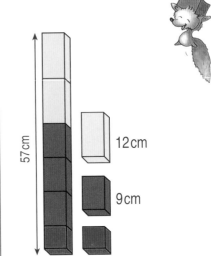

57cm

12cm

9cm

---

1. 4 ×   = 24

4 ×   = 240

4 ×   = 2400

40 ×   = 240

40 ×   = 2400

2. 8 ×   = 48

8 ×   = 480

8 ×   = 4800

60 ×   = 480

60 ×   = 4800

3. 7 ×   = 4900

7 ×   = 630

6 ×   = 3600

6 ×   = 300

6 ×   = 5400

4.   × 50 = 3500

× 90 = 4500

× 70 = 4900

× 80 = 7200

× 90 = 8100

5. 사라진 모양 두 개를 찾아 알맞게 그려 넣으시오.

무엇을 먼저 곱해야 할지 생각하고 문제를 푸시오.

1. $5 \times 8 \times 2 =$

$2 \times 7 \times 5 =$

$6 \times 5 \times 2 =$

$9 \times 2 \times 5 =$

$2 \times 5 \times 5 =$

3. $6 \times 2 \times 50 =$

$20 \times 9 \times 5 =$

$5 \times 20 \times 3 =$

$20 \times 20 \times 5 =$

$90 \times 5 \times 20 =$

2. $5 \times 6 \times 3 =$

$5 \times 7 \times 4 =$

$8 \times 3 \times 5 =$

$8 \times 4 \times 5 =$

$6 \times 7 \times 5 =$

4. $10 \times 20 \times 10 =$

$10 \times 50 \times 10 =$

$30 \times 10 \times 10 =$

$10 \times 10 \times 40 =$

$10 \times 60 \times 10 =$

5. 이 상자를 채우려면 쌓기나무가 몇 개 더 필요합니까?

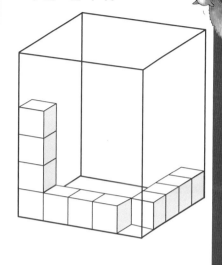

공책에 연습하기

K24. **1)** 6×537

2) 7×746

K25. **1)** 8×236

2) 9×432

각 문제에 대한 식을 쓰시오.

K26. 한 권에 6.70유로인 책 다섯 권은 모두 얼마입니까?

K27. 웬디가 한 권에 4.80유로인 책을 네 권 살 때, 20유로를 냈다면 거스름돈은 얼마입니까?

1. 사라진 모양 두 개를 찾아 알맞게 그려 넣으시오.

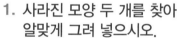

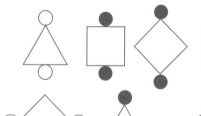

공책에 연습하기

K28. 1) 11 × 99

   2) 22 × 44

K29. 1) 23 × 321

   2) 42 × 212

각 문제에 대한 식을 쓰고 푸시오.

K30. 로라는 캔 하나에 1.80유로인 고양이 먹이를 3개 샀습니다. 10유로를 냈다면 거스름돈은 얼마입니까?

K31. 물고기 먹이 한 상자가 애완동물 가게에 배달되었습니다. 상자에는 먹이 캔 24개가 들어 있습니다. 캔 한 개는 120g입니다. 물고기 먹이캔을 모두 합하면 무게가 얼마나 됩니까?

1. 이 상자를 채우려면 쌓기나무가 몇 개 더 필요합니까?

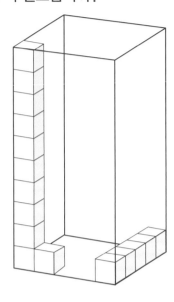

공책에 연습하기

K32. 1) 78 × 641

   2) 52 × 744

K33. 1) 63 × 709

   2) 76 × 588

각 문제에 대한 식을 쓰고 푸시오.

K34. 자는 하나에 60센트이고 지우개는 하나에 75센트입니다. 지우개 6개는 자 6개보다 얼마나 더 비쌉니까?

K35. 피터는 하나에 1.80유로인 연필깎이를 2개 사고, 하나에 90센트인 연필을 4개 샀습니다. 피터가 10유로를 냈다면 거스름돈은 얼마입니까?

1. 규칙에 따라 빈칸에 올 알맞은 모양을 그리고 색칠하시오.

1)

2)

공책에 연습하기

K36. 1) 30 × 296

2) 50 × 469

K37. 1) 80 × 374

2) 70 × 984

각 문제에 대한 식을 쓰고 푸시오.

K38. 빅터는 승마 바지와 부츠를 샀습니다. 승마 바지와 부츠는 합해서 149유로이고 부츠는 57유로입니다. 승마 바지는 얼마입니까?

K39. 에이미의 어머니는 헬멧 하나를 55.50유로를 주고 샀습니다. 에이미의 헬멧은 어머니의 헬멧보다 6.50유로 쌉니다. 헬멧 2개의 가격의 합은 모두 얼마입니까?

1. 규칙에 따라 빈칸에 올 알맞은 모양을 그리고 색칠하시오.

1)

2)

공책에 연습하기

K40. 1) 34 × 916

2) 94 × 824

K41. 1) 78 × 842

2) 89 × 749

각 문제에 대한 식을 쓰고 푸시오.

K42. 32320과 9876의 차에 7556을 더하시오.

K43. 7666과 6777의 차에 8을 곱하시오.

K44. 6161과 7272의 합에서 5454를 빼시오.

1. 규칙에 따라 빈칸에 올 알맞은 모양을 그리고 색칠하시오.

1)

2)

공책에 연습하기

K45. **1)** 45 × 321

 2) 67 × 543

K46. **1)** 45 × 999

 2) 65 × 777

각 문제에 대한 식을 쓰고 푸시오.

K47. 9222와 5555의 차에
 27을 곱하시오.

K48. 69000과 14555의 차에
 5555를 더하시오.

K49. 3939와 6262의 합에서
 4444를 빼시오.

1. 규칙에 따라 빈칸에 올 알맞은
 모양을 그리고 색칠하시오.

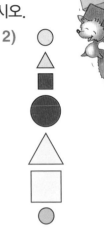

1)

2)

1. 다음의 무늬는 어떠한 규칙에 따라 변합니다.
   4~6까지의 규칙을 완성하고 색칠하시오.

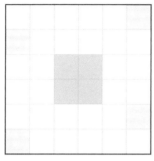

1.

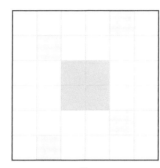

2.

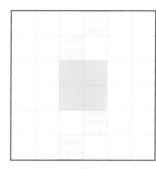

3.

4.

5.

6.

2. 모든 알파벳 문자는 한 자릿수입니다.
   각 알파벳 문자가 어떤 수를 의미하는지 찾아 쓰시오.

1) A + A = C   A =

    A × B = C   B =

    B × B = A   C =

3) G + H = J   G =

    G × J = J + J   H =

    G × H = G + G + G   J =

2) D × E = F   D =

    D × D + D = F   E =

    E + E = F   F =

4) K × K = L   K =

    K + K = M   L =

    M + M = L + K   M =

자를 이용하여 다음 지시에 따라 그리시오.

1. 정사각형의 각 변들의 길이를 재고, 각 변들의 가운데에 점을 찍으시오.

2. 그 점들을 연결하여 새로운 정사각형을 만드시오.

3. 새로운 정사각형의 각 변들의 길이를 재고, 각 변들의 가운데에 점을 찍으시오.

4. 그 점들을 연결하여 새로운 정사각형을 만드시오.

5. 할 수 있는 만큼 위의 과정을 반복하시오.

6. 그려진 모양을 색칠하시오.

1. 파란색 쌓기나무의 길이를 계산하시오.

1)
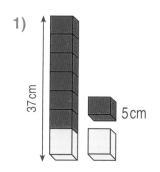

37cm 5cm

2)
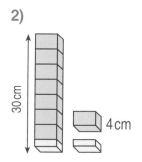

30cm 4cm

3)
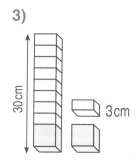

30cm 3cm

4)
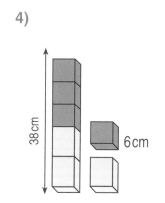

38cm 6cm

5)
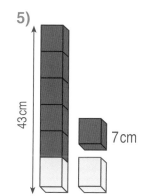

43cm 7cm

6)
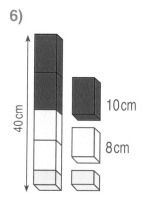

40cm 10cm 8cm

2. 각 식들의 알맞은 자리에 ( )를 하시오.
그리고 계산하시오.

1) 15와 3의 차를 3으로 나누시오.

$$15 - 3 \div 3 =$$

2) 3과 2의 합에 9를 곱하시오.

$$9 \times 3 + 2 =$$

3) 12에서 12와 6의 차를 빼시오.

$$12 - 12 - 6 =$$

4) 8과 4의 곱에서 8과 4의 합을 빼시오.

$$8 \times 4 - 8 + 4 =$$

1. 서로 붙어 있는 부분끼리는 같은 색이
되지 않도록 색칠해 보시오.
색을 최소로 사용하시오.
몇 가지 색을 사용했습니까?

1)

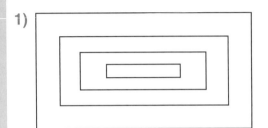

2)

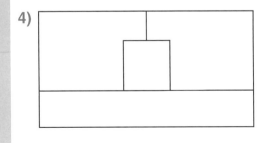

3)

4)

2. 다음의 계산을 완성하시오.

1) $6 \times 3 + \underline{\quad} = 28$

   $6 \times 4 + \underline{\quad} = 30$

   $6 \times 2 + \underline{\quad} = 25$

   $6 \times 5 + \underline{\quad} = 51$

   $4 \times 4 + \underline{\quad} = 24$

2) $7 \times 2 - \underline{\quad} = 9$

   $7 \times 4 - \underline{\quad} = 9$

   $7 \times 3 - \underline{\quad} = 9$

   $7 \times 5 - \underline{\quad} = 9$

   $5 \times 5 - \underline{\quad} = 9$

3) $6 \times (4 + \underline{\quad}) = 30$

   $3 \times (5 + \underline{\quad}) = 24$

   $9 \times (7 - \underline{\quad}) = 27$

   $7 \times (6 - \underline{\quad}) = 21$

   $4 \times (2 + \underline{\quad}) = 32$

4) $8 \times (9 - \underline{\quad}) = 48$

   $9 \times (1 + \underline{\quad}) = 36$

   $6 \times (4 + \underline{\quad}) = 54$

   $7 \times (2 + \underline{\quad}) = 56$

   $9 \times (9 - \underline{\quad}) = 63$

1. 계산의 결과가 같은 값을 가진 것들을 선으로 이으시오.

1)

50 × 300	150	5 × 10 + 100
30 × 50	1500	50 × 300
15 × 10	15000	15 × 2000
30 × 1000	30000	40 × 50 − 500

2)

70 × 40	280	30 × 10 − 20
4 × 70	1400	700 × 40
400 × 70	2800	20 × 40 + 600
14 × 100	28000	15 × 200 − 200

2. 규칙을 생각해 보고 빈칸에 올 수 있는 도형을 그리고, 그 도형을 색칠하시오.

1)

2)

3)

4)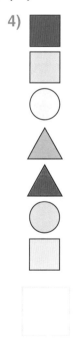

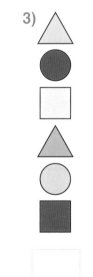

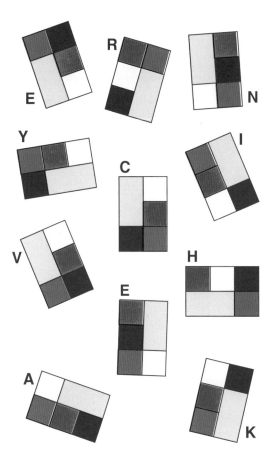

2. 다음의 식들은 곱하는 수가 빠져 있습니다. 알맞은 수를 찾아서 계산을 완성하시오.

1)
$5 \times \quad + 5 = 45$

$6 \times \quad + 6 = 30$

$7 \times \quad + 7 = 63$

$8 \times \quad + 8 = 56$

2)
$6 \times \quad - 6 = 30$

$7 \times \quad - 7 = 49$

$8 \times \quad - 8 = 48$

$9 \times \quad - 9 = 72$

3)
$5 \times \quad + 5 + 5 = 45$

$7 \times \quad + 7 + 7 = 21$

$6 \times \quad + 6 + 6 = 48$

$9 \times \quad + 9 + 9 = 81$

1. 위의 여러 가지 무늬들 중 같은 무늬를 찾아 그에 해당하는 알파벳 문자를 쓰시오.

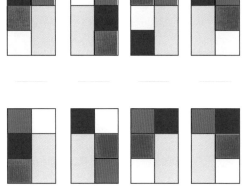

4)
$4 \times \quad - 4 - 4 = 20$

$5 \times \quad - 5 - 5 = 25$

$8 \times \quad - 8 - 8 = 32$

$9 \times \quad - 9 - 9 = 63$

1. 곱셈을 이용하여 각각의 모양들이 몇 개의 쌓기나무로 만들어져 있는지 계산하시오.

1)

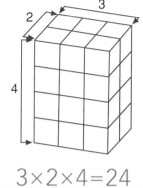

$$3 \times 2 \times 4 = 24$$

2)

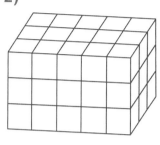

3)

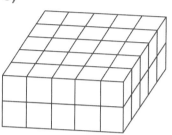

4)

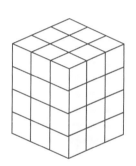

5)

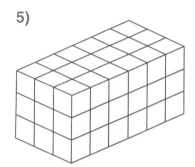

6)

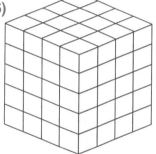

2. +, −, ×부호들을 알맞은 위치에 넣어 다음의 답들이 나오도록 하시오.

1) 6 ☐ 3 ☐ 4 ☐ 5 = 38

2) 6 ☐ 6 ☐ 5 ☐ 5 = 26

3) 3 ☐ 7 ☐ 7 ☐ 7 = 7

4) 9 ☐ 3 ☐ 3 ☐ 2 = 0

5) 8 ☐ 2 ☐ 6 ☐ 2 = 4

6) 9 ☐ 3 ☐ 3 ☐ 2 = 6

7) 9 ☐ 6 ☐ 9 ☐ 6 = 6

8) (9 ☐ 6) ☐ (9 ☐ 6) = 9

9) 7 ☐ (5 ☐ 2) ☐ 1 = 21

10) (4 ☐ 3) ☐ (4 ☐ 3) = 7

131

1. 규칙을 생각해 보고 빈칸에 올 수 있는 도형을 그리고, 그 도형을 색칠하시오.

1)

2)

3)

4)

2. 각각의 식들을 보고 가장 좋은 풀이 방법을 생각하고 계산하시오.

1) $10 \times 15 =$

  $11 \times 15 =$

2) $10 \times 35 =$

  $11 \times 35 =$

3) $10 \times 125 =$

  $11 \times 125 =$

4) $10 \times 45 =$

  $9 \times 45 =$

5) $100 \times 30 =$

  $99 \times 30 =$

6) $100 \times 20 =$

  $99 \times 20 =$

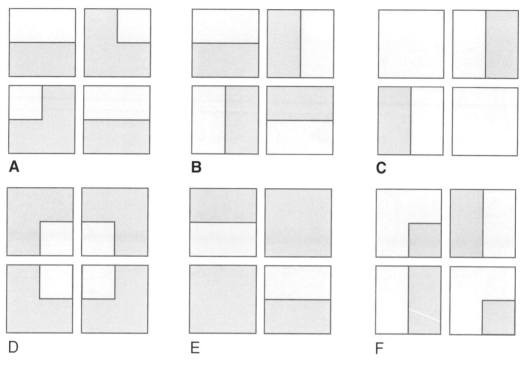

A   B   C

D   E   F

1. 큰 정사각형은 작은 정사각형 4개로 이루어져 있습니다.
   작은 정사각형들에 어떤 작은 정사각형들을 이용하여 큰 정사각형을 만들었습니까?
   작은 정사각형들에 해당하는 알파벳 문자를 쓰시오.

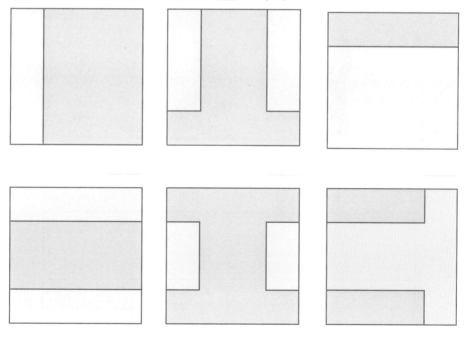

133

1. 고양이들을 관찰하시오. 그리고 고양이들의 이름을 알맞게 표에 써넣으시오.

	줄무늬	한 가지 색
긴 꼬리		
짧은 꼬리		

1. 계산하고 숫자 퍼즐을 완성하시오.

가로

A 700 − 55
D 6 × 80
E 9 × (5 + 4)
F 8 × 7 − 14
H 3 × 8 + 71
K 1 000 − 198
M 7 × 70
N (12 − 4) × 9
P 26 + 9 × 7
R 3 × 25 − 15
S 6 + 5 × 40
U 20 × 40

세로

A 4 + 7 × 8 + 4
B 5 000 − 101
C 80 − 4 × 5 − 10
E 2 × 404
G 4 × 5 000
J 2 × (7 − 4) × 9
L 9 × (9 − 6)
O 70 × 40
S (5 + 2) × 3 + 7
T 4 × 15

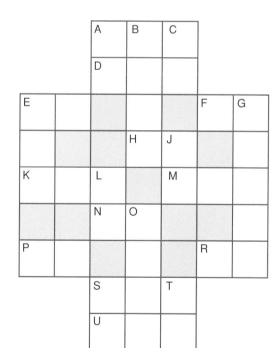

2. 같은 색끼리는 어디에서도 만나지 않도록 색을 칠하시오.
색을 최소로 사용하시오.
몇 가지 색을 사용했습니까?

1)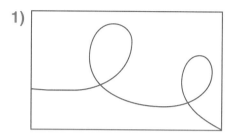

2)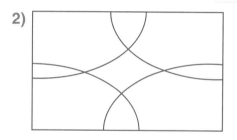

3)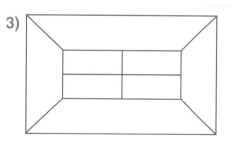

4)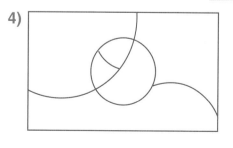

1. 파란색 구슬은 빨간색 구슬보다 1유로 더 비쌉니다. 빨간색 구슬의 가격은 얼마입니까?
(줄은 공짜입니다)

1) 모두 16유로

2) 모두 25유로

3) 모두 36유로

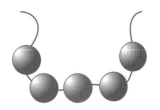

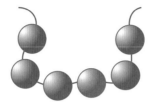

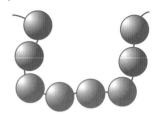

2. 초록색 구슬은 노란색 구슬보다 2유로 더 비쌉니다. 노란색 구슬의 가격은 얼마입니까?
(줄은 공짜입니다)

1) 모두 22유로

2) 모두 36유로

3) 모두 46유로

3. 계산해서 표를 완성하시오.

A	B	A + B	A × B	A + A × B
3	2	3+2=5	3×2=6	3+3×2=
2	4			
3	5			
3	6			
7	2			

1. 아래의 식들을 계산하시오. 그리고 답에 해당하는 알파벳 문자를
   아래의 빈칸에 써넣으시오.

$15 + 4 \times 2 =$	A	$6 + 4 \times 4 + 5 =$	A
$18 \div 2 \times 5 =$	D	$3 \times 7 + 2 \times 8 =$	P
$7 \times (16 - 12) =$	C	$(12 - 8) \times 9 + 8 =$	E
$32 - (6 + 7) =$	S	$2 \times (11 - 9) \times 6 =$	B
$41 - 6 \times 6 =$	A	$36 \div 6 + 5 \times 5 =$	T
$(7 + 2) \times 9 =$	L	$48 \div (3 + 5) \times 5 =$	K
$64 \div (2 + 6) =$	T	$8 + 2 \times (13 - 4) =$	L
$(21 - 15) \times 8 =$	T	$(14 - 6) \times (15 - 8) =$	I
$42 \div 7 \div 3 =$	S	$24 - 2 \times 7 - 6 =$	O
$(67 + 5) \div 8 =$	H	$(2 + 3) \times 7 + 8 =$	P
$4 + 35 \div 5 =$	A	$63 \div 9 - 8 \div 2 =$	T
$40 - 32 \div 4 =$	I	$(15 - 9) \times (7 + 2) =$	A

2	3	4	5	8		9	11	19

23		24	26	27	28	30		31	32	37	43	44	45		48	54	56	81

4 도형

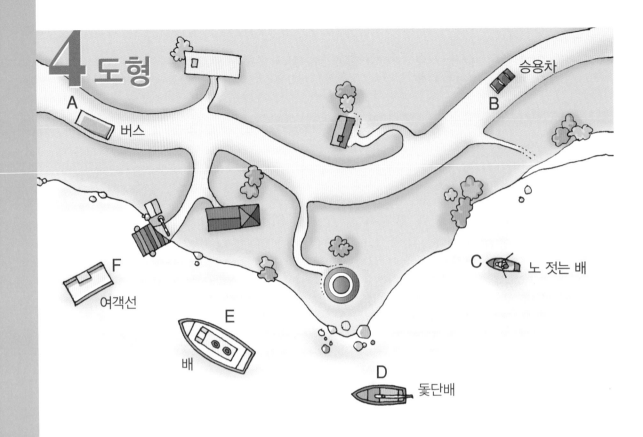

A 버스
B 승용차
C 노 젓는 배
D 돛단배
E 배
F 여객선

1. A~F에 해당하는 교통수단을 탔을 때 어떻게 보일지 상상해 보시오.
각 교통수단에서 보이는 풍경을 찾아 빈칸에 알파벳 문자를 쓰시오.

1)   2)   3)

4)   5)   6)

2. 다음의 주어진 모양들이 주어진 선들에 대칭이 되도록 그리고 색칠하시오.
알고 있는 어떤 대칭으로 그려도 됩니다.

1)

2)

3)

4)

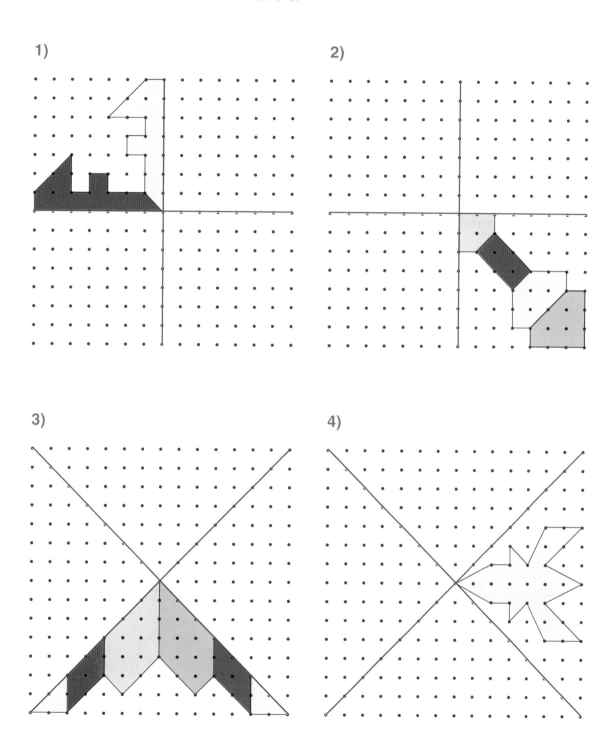

서로 다른 각도들의 종류

직각을 이루는 변들은 서로 수직입니다.
직각 = 90°

평각을 이루는 변들은 직선입니다.
평각 = 180°

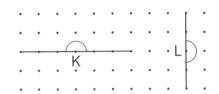

예각은 직각보다 각이 좁습니다.
예각 = 0°보다 크고 90°보다 작은 각

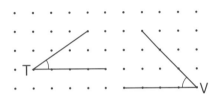

둔각은 직각보다 각이 넓습니다.
그러나 평각보다는 좁습니다.
둔각 = 90°보다 크고 180°보다 작은 각

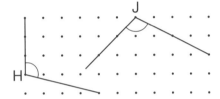

각의 이름들은 그것들의 꼭짓점들에 의해 정해집니다.

1. 다음 물음에 답하시오.

1) 어떤 새의 부리 모양이 예각입니까?

2) 어떤 새의 부리 모양이 둔각입니까?

140

2. 문제에서 요구하는 각을 만족하도록 다른 변을 그리시오.

1) 평각 P

2) 직각 S

3) 예각 T

4) 둔각 V

3. 다각형들의 각을 보고 표의 빈칸에 알맞은 각의 이름을 쓰시오.

1)

직각	B			
예각	A, C			
둔각	—			

2)

직각				
예각				
둔각				

삼각형 분류하기

예각삼각형 :
삼각형을 이루는
모든 각들이 예각입니다.

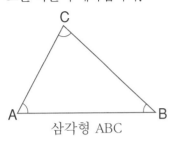

삼각형 ABC

직각삼각형 :
삼각형을 이루는
세 각 중 하나가 직각입니다.

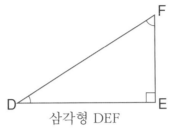

삼각형 DEF

둔각삼각형 :
삼각형을 이루는
세 각 중 하나가 둔각입니다.

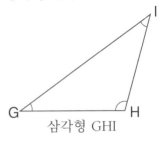

삼각형 GHI

1. 오른쪽의 삼각형들을 보고
빈칸을 알맞게 채워 넣으시오.

1) 삼각형 _____ , _____ , _____ ,

_____ , _____ 은 직각삼각형이다.

2) 삼각형 _____ , _____ , _____ ,

_____ , _____ 은 예각삼각형이다.

3) 삼각형 _____ , _____ , _____ ,

_____ , _____ 은 둔각삼각형이다.

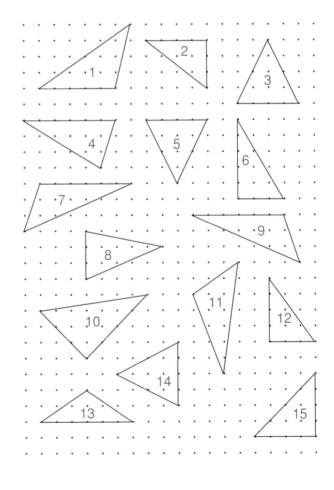

2. 문제에서 주어진 삼각형이 되도록 두 개의 변을 그리시오.

1) 예각삼각형 ABC

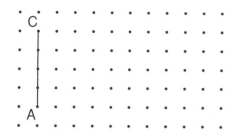

2) 직각삼각형 DEF

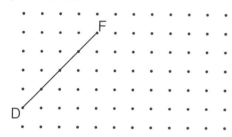

3) 둔각삼각형 GHI

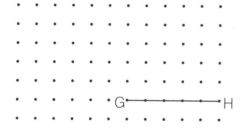

3. 문제에서 주어진 점들의 개수를 이용하여 직각삼각형을 그리시오.

1) 점 6개

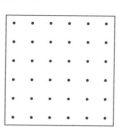

2) 점 9개

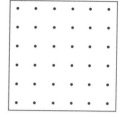

4. 문제에서 주어진 점들의 개수를 이용하여 예각삼각형을 그리시오.

1) 점 4개

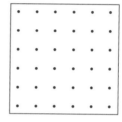

2) 점 8개

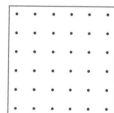

5. 문제에서 주어진 점들의 개수를 이용하여 둔각삼각형을 그리시오.

1) 점 4개

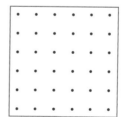

2) 점 6개

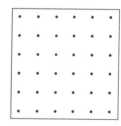

공책에 연습하기

60. 한 변이 4cm인 예각삼각형을 그리시오.

61. 서로 닿아 있는 두 변이 각각 3cm, 5cm인 직각삼각형을 그리시오.

62. 서로 닿아 있는 두 변이 모두 4cm인 예각삼각형을 그리시오.

63. 서로 닿아 있는 두 변이 각각 3cm, 4cm인 둔각삼각형을 그리시오.

이것만은 기억해 둡시다.

네 변 중 마주 보는 한 쌍의 두 변이 서로 평행인 사각형을 **사다리꼴**이라고 합니다.

네 변 중 마주 보는 두 쌍의 변들이 서로 평행인 사각형을 **평행사변형**이라고 합니다.

모든 각이 직각인 평행사변형을 **직사각형**이라고 합니다.

모든 변의 길이가 같은 직사각형을 **정사각형**이라고 합니다.

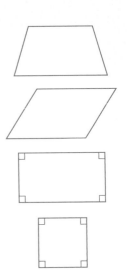

오른쪽 사각형들을 연구하시오.

1. 오른쪽의 사각형들을 보고
   빈칸에 알맞게 써넣으시오.

1) 사각형

   　　　　　　　　　은 사다리꼴이다.

2) 사각형 　　　, 　　　, 　　　,

   　　　, 　　　, 　　　　은

   평행사변형이다.

3) 사각형 　　　, 　　　, 　　　,

   　　　은 직사각형이다.

4) 사각형 　　　, 　　　　은

   정사각형이다.

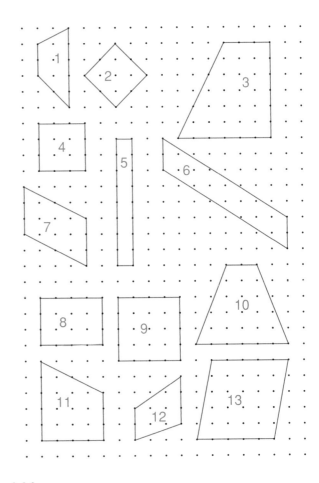

144

64. 다음 문제에서 주어진 구역의 둘레를 계산하시오.

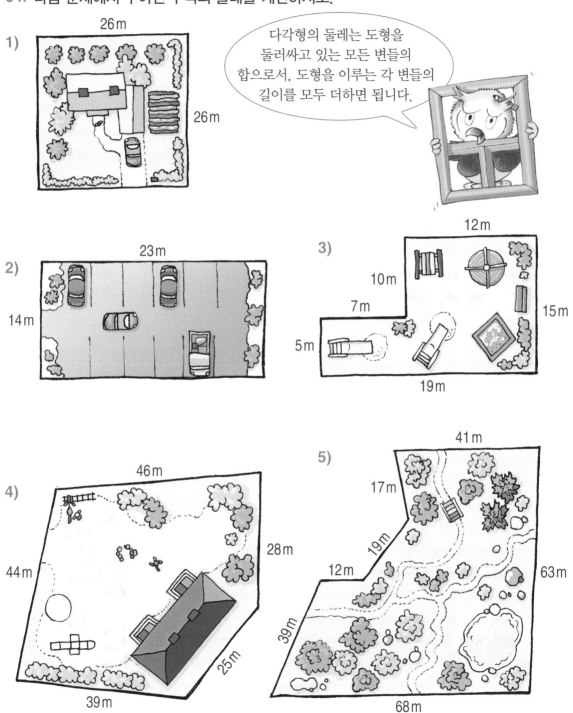

1)

26 m

26 m

다각형의 둘레는 도형을 둘러싸고 있는 모든 변들의 합으로서, 도형을 이루는 각 변들의 길이를 모두 더하면 됩니다.

2)

23 m

14 m

3)

12 m

10 m

7 m

5 m

15 m

19 m

4)

46 m

44 m

28 m

39 m

25 m

5)

41 m

17 m

19 m

12 m

39 m

63 m

68 m

원

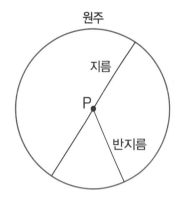

원주

지름

P

반지름

- 원주는 원의 둘레를 뜻합니다.
- 원의 중심은 원 둘레의 모든 점으로부터 항상 같은 거리에 있습니다.
- 원의 지름은 원 위의 두 점을 이은 선분 중에서 원의 중심을 지나는 선분입니다.
- 지름의 길이는 반지름 길이의 2배입니다.
- 반지름은 원의 중심과 원주 위의 한 점과의 거리를 뜻합니다.
- 원의 이름은 원의 중심에 의해서 정해집니다.(예: 원 P)

1. 표를 완성하시오.

	반지름	지름
원 K	12cm	
원 L	25cm	
원 O	60cm	
원 P		90cm
원 R		1m 50cm

2. 원의 반지름이 15cm입니다. 지름은 몇 cm입니까?

답 :

3. 원의 지름은 130cm입니다. 반지름은 몇 cm입니까?

답 :

4. 큰 접시의 반지름은 13cm이고 작은 접시의 반지름은 9cm입니다. 큰 접시의 지름과 작은 접시의 지름의 차는 얼마입니까?

답 :

5. 양초의 반지름은 3cm입니다. 양초의 높이는 지름의 4배입니다. 양초의 높이는 몇 cm입니까?

답 :

6. 통조림의 높이는 12cm입니다. 통조림의 반지름은 통조림 높이의 3분의 1입니다. 통조림의 지름은 몇 cm입니까?

답 :

7. 유리병의 반지름은 4cm입니다. 유리병의 높이는 지름의 절반입니다. 유리병의 높이는 몇 cm입니까?

답 :

8. 다음의 길이를 쓰시오.

1) 원 P의 지름은 몇 cm입니까?

2) 정사각형의 한 변은 몇 cm입니까?

3) 정사각형의 둘레는 몇 cm입니까?

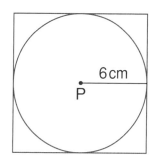

9. 다음의 길이를 쓰시오.

1) 원 S의 지름은 몇 cm입니까?

2) 원 P의 지름은 몇 cm입니까?

3) 정사각형의 둘레는 몇 cm입니까?

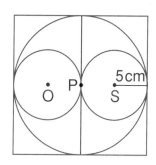

10. 다음의 길이를 쓰시오.

1) 원 L의 지름은 몇 cm입니까?

2) 작은 정사각형의 둘레는 몇 cm입니까?

3) 큰 정사각형의 둘레는 몇 cm입니까?

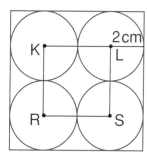

11. 다음의 직사각형에 있는 길이를 쓰시오.

1) 짧은 변의 길이는 몇 cm입니까?

2) 긴 변의 길이는 몇 cm입니까?

3) 둘레는 몇 cm입니까?

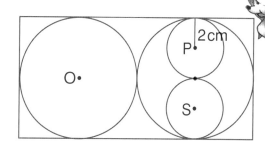

12. 다음의 직사각형에 있는 길이를 쓰시오.

1) 짧은 변은 몇 cm입니까?

2) 긴 변은 몇 cm입니까?

3) 둘레는 몇 cm입니까?

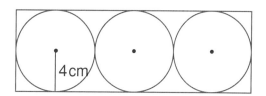

좌표

딸기는 (5, 3)에 위치해 있다.

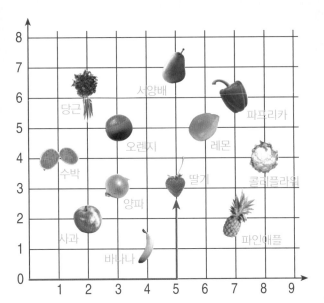

- 시작은 0에서 합니다.
- 먼저 수평으로 사각형 5개만큼 오른쪽으로 갑니다.
- 그리고 사각형 3개만큼 위쪽으로 갑니다.

※ 좌표평면 : 서로 수직인 두 직선이 그려진 평면으로 점의 위치를 좌표로 나타낸다.

1. 위의 좌표를 보고 다음의 좌표에서 어떤 과일을 찾을 수 있는지 쓰시오.

1) (4, 1)

2) (7, 2)

3) (1, 4)

4) (6, 5)

5) (8, 4)

6) (2, 6)

7) (7, 6)

8) (5, 7)

9) (2, 2)

2. 좌표평면에 좌표를 표시하고 각 점들을 차례대로 연결하시오.

A (1, 5)   I (10, 6)
B (1, 0)   J (11, 6)
C (3, 0)   K (11, 8)
D (3, 3)   L (9, 10)
E (7, 3)   M (7, 10)
F (8, 1)   N (7, 6)
G (8, 0)   O (1, 6)
H (10, 0) P (0, 7)

마지막에 A와 P를 연결합니다.

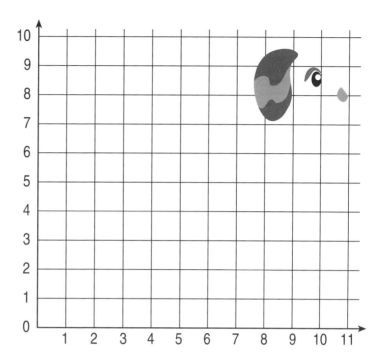

3. 각 좌표에 해당하는 알파벳 문자를 찾아 쓰시오.

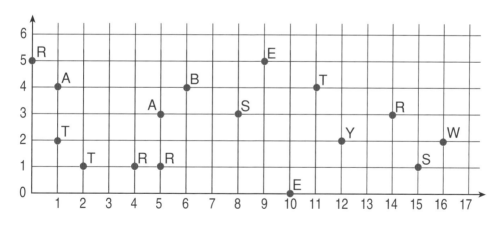

(15, 1) (11, 4) (0, 5) (5, 3) (16, 2) (6, 4) (9, 5) (5, 1) (14, 3) (12, 2)

(1, 2) (4, 1) (10, 0) (1, 4) (2, 1) (8, 3)

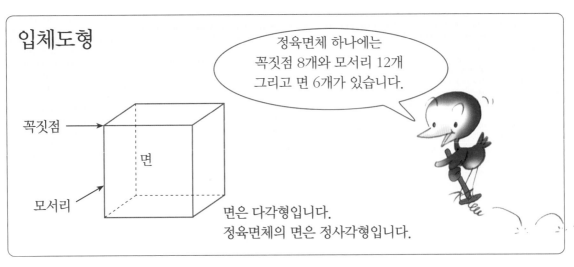

입체도형

정육면체 하나에는
꼭짓점 8개와 모서리 12개
그리고 면 6개가 있습니다.

꼭짓점 →

면

모서리 →

면은 다각형입니다.
정육면체의 면은 정사각형입니다.

1. 다음 입체도형들의 꼭짓점, 모서리, 면은 몇 개입니까?

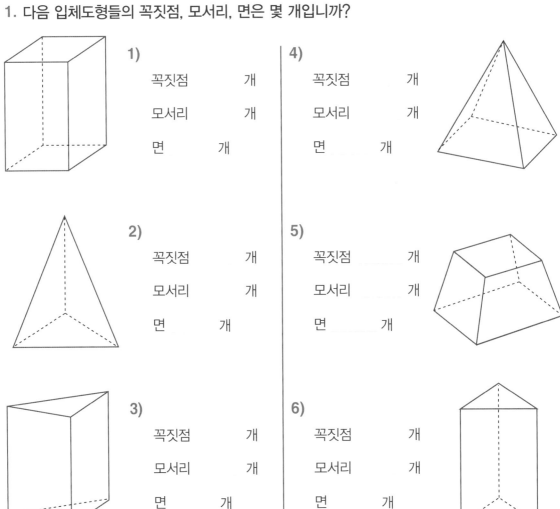

1)

꼭짓점　　　　　개

모서리　　　　　개

면　　　　　개

2)

꼭짓점　　　　　개

모서리　　　　　개

면　　　　　개

3)

꼭짓점　　　　　개

모서리　　　　　개

면　　　　　개

4)

꼭짓점　　　　　개

모서리　　　　　개

면　　　　　개

5)

꼭짓점　　　　　개

모서리　　　　　개

면　　　　　개

6)

꼭짓점　　　　　개

모서리　　　　　개

면　　　　　개

2. 각 설명에 해당하는 입체도형은 무엇인지 찾아 번호를 쓰시오.

1 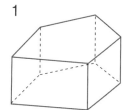   2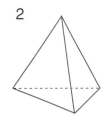

1) 입체도형의 면이 정사각형 6개로 이루어져 있습니다.

2) 입체도형의 면이 예각삼각형 4개로 이루어져 있습니다.

3 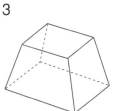   4

3) 입체도형의 면이 평행사변형과 오각형으로 이루어져 있습니다.

4) 입체도형의 면이 평행사변형 6개로 이루어져 있습니다.

,   ,

5 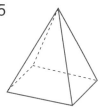   6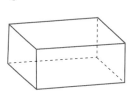

5) 입체도형의 면이 사다리꼴과 평행사변형으로 이루어져 있습니다.

6) 입체도형의 면이 삼각형과 평행사변형으로 이루어져 있습니다.

7 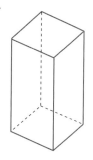   8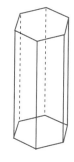

7) 입체도형의 면이 육각형과 평행사변형으로 이루어져 있습니다.

스스로 해 보기

다면체를 만들어 봅시다.

꼭짓점

8 cm
8 cm

1. 종이를 정사각형 모양으로 자르시오.

2. 그림에 있는 점선을 따라 접으시오.

3. 한 모서리를 중심쪽으로 자르시오.

4. 모양대로 접고 풀칠하시오.

모서리 ⎱ 4 cm

종이를 직육면체 모양으로 자르고 접으시오.

꼭짓점과 모서리를 모두 풀로 붙여 직사각형 형태의 틀을 만드시오.

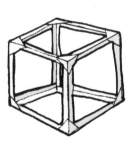

면 면들을 측정하고 자르시오. 면을 꾸미고 풀로 틀에 붙이시오.

모스 부호

1836년, 사무엘 모스는 줄표와 점을 이용해서 글자와 숫자를 나타내는 부호를 만들었습니다. 이 부호들은 줄표는 긴 소리를 나타내도록, 점은 짧은 소리를 나타내도록 만들어졌습니다. 플래시 빛의 반짝임 역시 같은 방법으로 사용할 수 있습니다.

A · —	H · · · ·	O — — —	V · · · —
B — · · ·	I · ·	P · — — ·	W · — —
C — · — ·	J · — — —	Q — — · —	X — · · —
D — · ·	K — · —	R · — ·	Y — · — —
E ·	L · — · ·	S · · ·	Z — — · ·
F · · — ·	M — —	T —	Å · — — · —
G — — ·	N — ·	U · · —	Ä · — · —
			Ö — — — ·

1. 모스 부호를 해석해서 단어를 만드시오.

1) — · — · — — · · · · —

2) · — — · — — · — · — — · · · — ·

3) · · — · — · — · · — · — · · · — · — · · — ·

4) — · · — · — · · — — · — · — · — · · — · — — · · · ·

2. 국제 구조 요청 신호인 모스 부호를 넣으시오.

S   O   S

1. 어떤 도형의 반쪽만이 그림에 나타나 있습니다. 나머지를 그려 도형을 완성하시오.

1) 직사각형

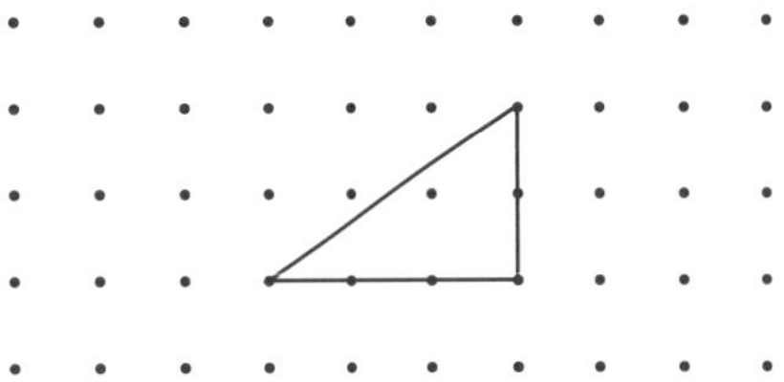

3) 정사각형

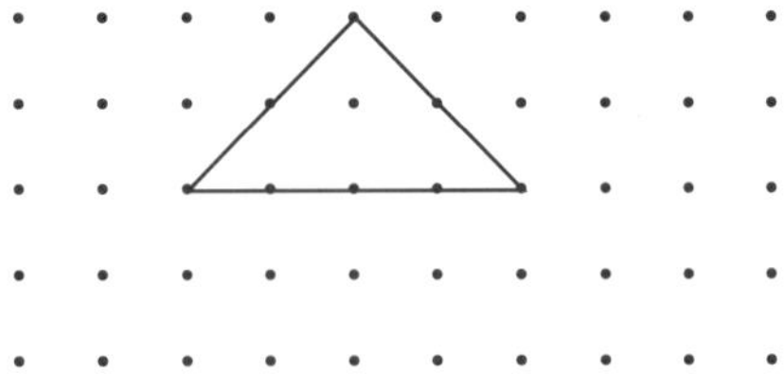

2) 정사각형이 아닌 평행사변형

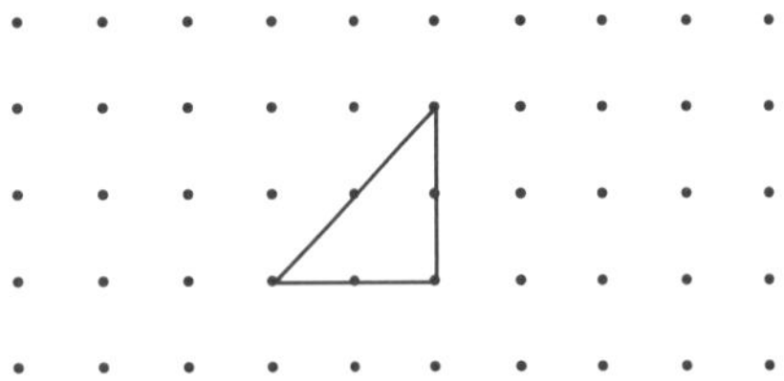

4) 삼각형

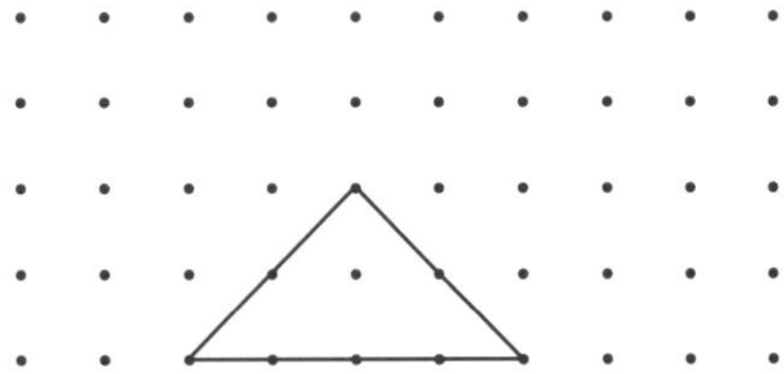

2. 어떤 도형의 오직 4분의 1만이 그림에 나타나 있습니다. 나머지를 그려 도형을 완성하시오.

1) 정사각형이 아닌 직사각형

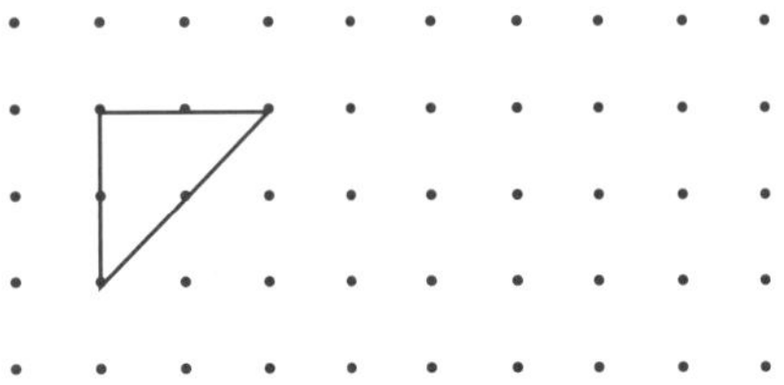

3) 정사각형

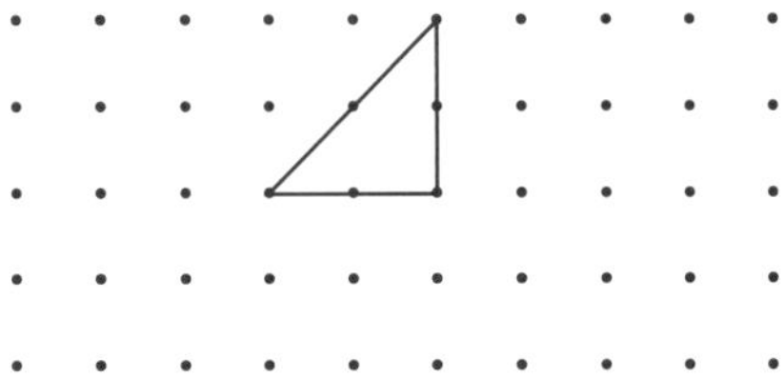

2) 직사각형이 아닌 평행사변형

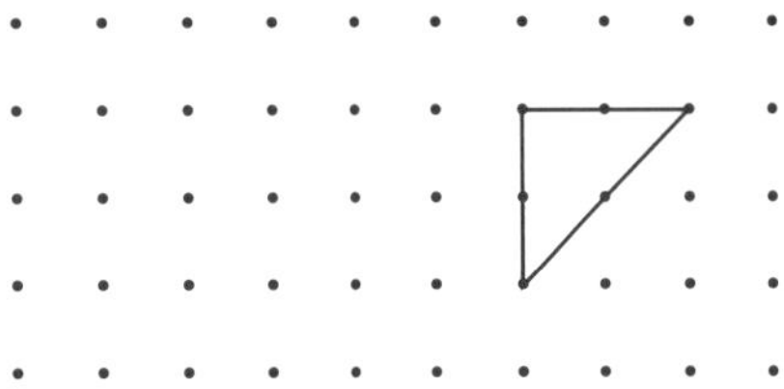

4) 삼각형

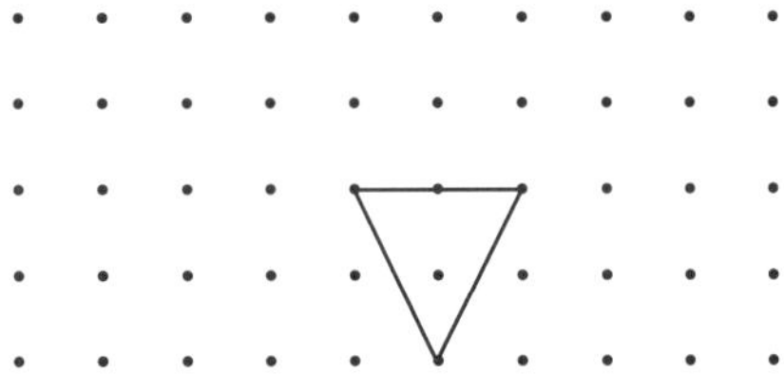

이 형태의 넓이는
정사각형 6개의 반의 넓이입니다.
즉, 정사각형 3개의 넓이입니다.

3. 색칠한 부분의 넓이가 정사각형 몇 개의 넓이인지 쓰시오.

1)

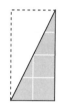

2)

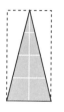

3)

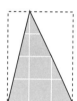

정사각형　　　개　　　　　　　　　　개　　　　　　　　　　개

4)

5)

6)

개　　　　　　　　　　개　　　　　　　　　　개

7)

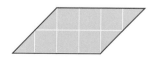

8)

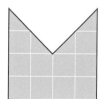

9)

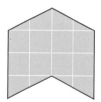

개　　　　　　　　　　개　　　　　　　　　　개

155

1.

$5 \times 7 + 13 =$

$3 \times 9 - 15 =$

$4 \times 8 + 16 =$

$6 \times 9 + 12 =$

$7 \times 7 - 17 =$

2.

$20 - 6 \times 3 =$

$50 - 7 \times 7 =$

$40 - 4 \times 8 =$

$60 - 6 \times 9 =$

$90 - 9 \times 9 =$

3.

$6 \times 4 - 10 =$

$8 \times 3 - 20 =$

$5 \times 9 - 30 =$

$8 \times 8 - 50 =$

$9 \times 8 - 60 =$

4.

$16 + 3 \times 7 =$

$32 + 4 \times 9 =$

$27 + 6 \times 7 =$

$51 + 8 \times 6 =$

$23 + 6 \times 6 =$

5. 대칭 모양이 되도록 눈송이의 구조를 그리고 색칠하시오.

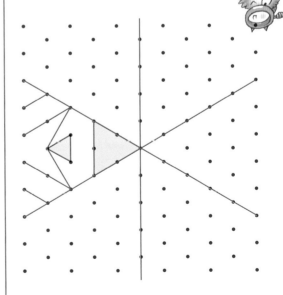

1.

$7 \times 6 + 26 =$

$9 \times 4 + 41 =$

$3 \times 5 + 82 =$

$8 \times 4 + 37 =$

$6 \times 6 + 33 =$

2.

$30 - 9 \times 3 =$

$50 - 6 \times 7 =$

$70 - 8 \times 8 =$

$60 - 7 \times 8 =$

$40 - 5 \times 7 =$

3.

$6 \times 8 - 30 =$

$7 \times 7 - 20 =$

$8 \times 9 - 40 =$

$9 \times 6 - 40 =$

$9 \times 9 - 60 =$

4.

$43 + 9 \times 5 =$

$61 + 7 \times 4 =$

$75 + 6 \times 4 =$

$64 + 8 \times 3 =$

$51 + 6 \times 8 =$

5. 대칭 모양이 되도록 눈송이의 구조를 그리고 색칠하시오.

1. 삼각형 ABC를 다음의 두 삼각형으로 나누시오.

1) 직각삼각형 두 개

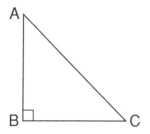

2) 예각삼각형과 둔각삼각형

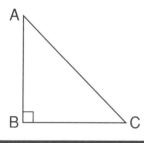

3) 둔각삼각형과 직각삼각형

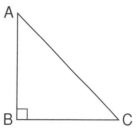

2. 다음의 삼각형 ABC를 둔각삼각형 2개와 예각삼각형 1개로 나누시오.

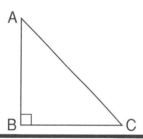

공책에 연습하기

K50. 정사각형 모양의 경기장은 한 변의 길이가 57m입니다. 경기장의 둘레의 길이는 얼마입니까?

K51. 직사각형 모양의 경기장은 긴 변의 길이가 90m, 짧은 변의 길이가 68m입니다. 경기장 둘레의 길이는 얼마입니까?

K52. 어떤 구역이 정오각형 모양입니다. 이 구역의 한 변의 길이는 26m입니다. 이 구역의 둘레의 길이는 얼마입니까?

1. 다음의 도형에서 쓰여 있지 않은 변의 길이를 알아내고, 이 도형의 둘레의 길이를 쓰시오.

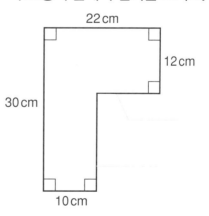

1. 1) 42000 + 3000 =

57000 - 4000 =

39000 - 7000 =

21000 + 8000 =

86000 - 6000 =

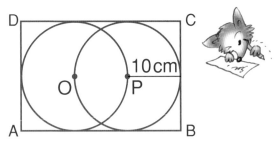

2. 다음의 길이는 얼마입니까?

1) 직사각형 ABCD의 짧은 변의 길이

2) 24000 + 21000 =

39000 - 22000 =

78000 - 34000 =

36000 + 52000 =

47000 - 36000 =

2) 직사각형 ABCD의 긴 변의 길이

3) 직사각형 ABCD의 둘레의 길이

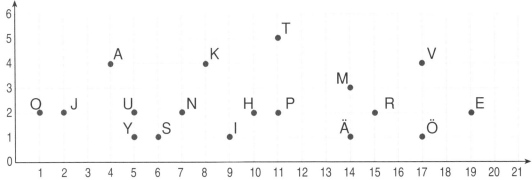

1. 주어진 좌표를 위의 그래프에서 찾고, 각각에 그려진 길을 따라가면 나오는
알파벳 문자를 찾아 쓰시오.

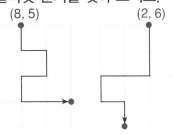

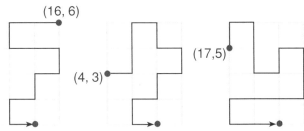

1. 다음의 입체도형에는 몇 개의 꼭짓점과 모서리 그리고 면이 있습니까?

1)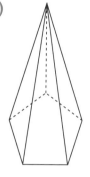

2)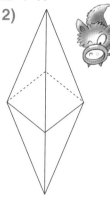

꼭짓점	개	꼭짓점	개
모서리	개	모서리	개
면	개	면	개

2. 1)
40000 − 7000 =

60000 − 4000 =

80000 − 3000 =

70000 − 5000 =

90000 − 6000 =

2) 50000 − 12000 =

60000 − 15000 =

70000 − 16000 =

80000 − 14000 =

90000 − 13000 =

1. 다음의 종이들은 빨간색 면이 항상 정육각형의 아래에 오도록 접어야 합니다. 각각의 종이를 접었을 때 정육각형의 맨 위에 오는 사각형에 O표 하시오.

1) 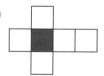 2)

3) 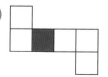 4)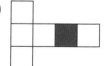

2. 1)
66000 + 7000 =

48000 + 5000 =

31000 − 4000 =

83000 − 6000 =

57000 + 6000 =

2) 92000 − 8000 =

65000 + 9000 =

29000 + 3000 =

54000 − 7000 =

75000 − 9000 =

1. 대칭이 되도록 무늬를 완성하시오.

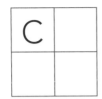 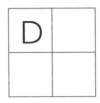 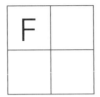

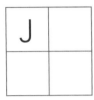 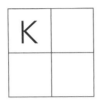 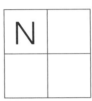

   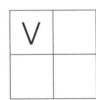

2.

1) $8 \times 4 - 11 =$

2) $49 - 5 \times 5 -$

3) $20 \div 4 \times 3 =$

4) $63 - (10 - 4) =$

5) $8 \times (15 - 8) =$

6) $(29 + 43) \div 9 =$

3.

1) $25 \div (8 - 3) - 3 =$

2) $(20 - 17) \times (35 - 32) =$

3) $7 \times (21 - 19) + 8 =$

4) $4 \times 4 + 3 \times 3 =$

5) $3 \times (6 + 3) + 5 =$

6) $36 \div (42 - 36) - 6 =$

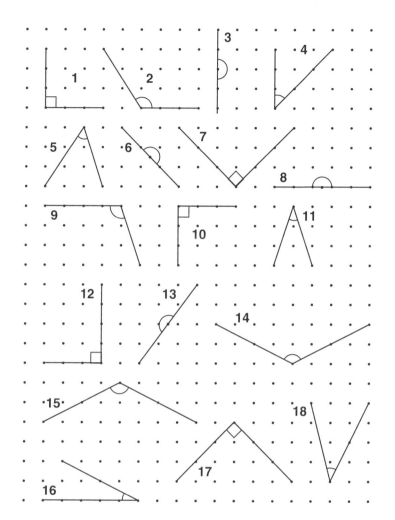

1. 위의 각도들을 재고 알맞은 번호를 쓰시오.

1) 각도 _____ , _____ , _____ 는 평각이다.

2) 각도 _____ , _____ , _____ , _____ 는 직각이다.

3) 각도 _____ , _____ , _____ , _____ 는 예각이다.

4) 각도 _____ , _____ , _____ 는 둔각이다.

2.

20 × 80 =

40 × 70 =

30 × 50 =

50 × 60 =

70 × 80 =

3.

20 × 200 =

40 × 600 =

30 × 900 =

50 × 700 =

80 × 300 =

4.

100 × 10 =

300 × 100 =

1000 × 26 =

5 × 1000 =

1000 × 19 =

5.

3000 × 20 =

2000 × 40 =

2000 × 30 =

3000 × 30 =

2000 × 20 =

161

각 문제들에 대해서 옳은 것에는 '참', 틀린 것에는 '거짓'을 쓰시오.
필요하다면 모눈종이를 이용해서 푸시오.

1.

1) 각을 이루는 두 변의 길이가 길어지면 그 각도도 커진다.

2) 평각은 하나의 선에 의해 2개의 직각으로 나누어질 수 있다.

3) 삼각형은 예각을 3개 가질 수 있다.

4) 삼각형은 둔각을 2개 가질 수 있다.

5) 삼각형은 직각을 2개 가질 수 있다.

6) 삼각형은 직각과 둔각을 동시에 가질 수 있다.

7) 삼각형은 항상 적어도 예각을 2개 가진다.

2.

1) 삼각형의 세 변은 모두 같은 길이일 수 있다.

2) 직각삼각형의 두 변은 길이가 같을 수 있다.

3) 직각삼각형의 세 변은 모두 길이가 같을 수 있다.

4) 둔각삼각형의 두 변은 길이가 같을 수 있다.

5) 둔각삼각형의 세 변은 모두 길이가 같을 수 있다.

6) 직각삼각형의 직각을 마주 보는 변은 다른 두 변들보다 길이가 길다.

3.
1) $(56 - 51) \times 7 =$

2) $40 - (8 - 6) =$

3) $7 \times (20 - 17) =$

4) $6 \times (12 \div 4) =$

5) $35 \div (4 + 3) =$

4.
1) $6 \times 7 + 3 =$

2) $65 - 5 \times 3 =$

3) $1 + 9 \times 9 =$

4) $18 - 8 \times 2 =$

5) $30 - 20 \div 5 =$

1. 다음을 그리시오.

1) 직각이 하나만 있는 사각형

3) 둔각이 하나만 있는 사각형

2) 직각이 두 개만 있는 사각형

4) 둔각이 두 개 있는 사각형

각 문제들에 대해서 옳은 것에는 '참', 틀린 것에는 '거짓'을 쓰시오.
필요하다면 모눈종이를 이용해서 푸시오.

2.

1) 모든 정사각형은 직사각형이다.

2) 모든 정사각형은 사다리꼴이다.

3) 모든 평행사변형은 직사각형이다.

4) 모든 사각형은 직사각형이다.

5) 모든 사다리꼴은 사각형이다.

3.

1) 평행사변형 모두가 직사각형은 아니다.

2) 직사각형 모두가 정사각형은 아니다.

3) 평행사변형 모두가 사각형은 아니다.

4) 정사각형 모두가 직사각형은 아니다.

5) 평행사변형 모두가 사다리꼴은 아니다.

대각선은
도형의 이웃하지 않는 두 꼭짓점을
잇는 선분을 말합니다.

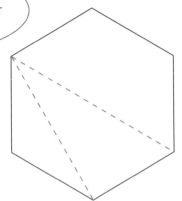

1. 모든 대각선들을 그리시오.
   육각형은 대각선을 몇 개 가지고 있습니까?

2. 대각선의 도움을 받아, 오른쪽과 같은 무늬를
   그리고 색칠하시오.

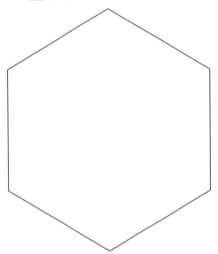

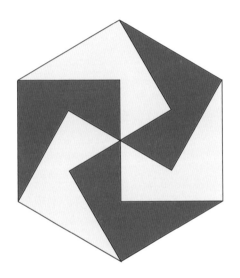

밑줄에 알맞은 수를 써넣으시오.

3.	4.	5.
3 × ___ = 150	___ × 40 = 240	4 × ___ = 360
5 × ___ = 450	___ × 30 = 270	___ × 80 = 640
6 × ___ = 360	___ × 60 = 420	9 × ___ = 810
7 × ___ = 280	___ × 80 = 400	___ × 70 = 490
6 × ___ = 480	___ × 90 = 630	7 × ___ = 350
9 × ___ = 540	___ × 70 = 560	___ × 80 = 720

※울버린 : 북미산 족제비과의 동물

1. 동물들이 동물원 어디에 있습니까?

1) 연못의 남쪽에 있는 동물은 무엇입니까?

2) 호랑이 우리의 동쪽에 있는 동물은
무엇입니까?

**2. 윌리엄은 수달 우리의 서쪽 길에서
북쪽으로 걸었습니다. 그리고 판다 우리
를 지나 서쪽으로 방향을 바꿨습니다.**

1) 윌리엄의 오른쪽에 어떤 동물이 있습니까?

2) 윌리엄의 왼쪽에 어떤 동물이 있습니까?

**3. 로라는 전망대를 나와 서쪽으로 가서,
사자 우리를 지나 남쪽으로 방향을
바꿨습니다.**

1) 로라의 오른쪽에 어떤 동물이 있습니까?

2) 로라의 왼쪽에는 어떤 동물이 있습니까?

**4. 메리는 뱀 전시관을 지나 동쪽으로 가서,
처음 만난 교차로에서 북쪽으로 방향을
바꾸고 다음 교차로에서 서쪽으로
방향을 바꿨습니다. 메리의 오른쪽에는
어떤 동물이 있습니까?**

1. 다음의 종이를 정육면체로 접었습니다.
빈 면에 어떤 알파벳 문자가 써 있어야 합니까?

1)

2)
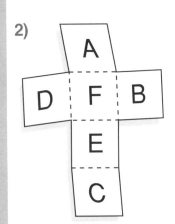

3)
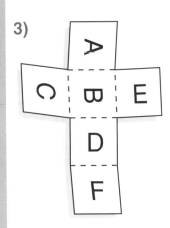

2. 1)
270 − 35 =

450 − 27 =

660 − 52 =

320 − 18 =

980 − 63 =

840 − 29 =

2)
530 − 17 =

790 − 74 =

460 − 48 =

850 − 36 =

680 − 75 =

570 − 67 =

3)
5 × 23 × 2 =

5 × 47 × 20 =

7 × 20 × 50 =

6 × 2 × 30 =

30 × 7 × 20 =

9 × 40 × 20 =

4)
20 × 15 × 3 =

2 × 15 × 60 =

20 × 15 × 10 =

25 × 4 × 3 =

4 × 5 × 25 =

25 × 6 × 4 =

1. 아래의 식들을 계산하시오.
그리고 답에 해당하는 알파벳 문자를 아래의 빈칸에 써넣으시오.

$2 \times 40 + 14 =$	O	$7 \times 20 + 54 =$	E	$6 \times 90 + 32 =$	U
$3 \times 80 + 16 =$	V	$2 \times 30 + 36 =$	Y	$4 \times 70 - 23 =$	A
$4 \times 40 - 12 =$	S	$3 \times 90 - 25 =$	A	$5 \times 40 + 92 =$	E
$4 \times 90 - 15 =$	R	$6 \times 70 + 61 =$	O	$9 \times 90 + 16 =$	S
$3 \times 50 - 13 =$	U	$5 \times 90 - 42 =$	S	$5 \times 80 + 79 =$	H
$7 \times 80 + 17 =$	E	$9 \times 80 + 73 =$	E	$8 \times 80 - 32 =$	T

$7 \times 70 - 28 =$	L	$3 \times 30 - 34 =$	D
$6 \times 50 + 94 =$	O	$5 \times 50 - 48 =$	E
$8 \times 60 - 37 =$	I	$9 \times 70 + 55 =$	T
$6 \times 30 - 64 =$	O	$6 \times 60 - 53 =$	O
$3 \times 70 + 56 =$	S	$5 \times 70 + 39 =$	W
$4 \times 80 + 42 =$	T		

56	94		96	116	137		148	194	202

245		256	257	266	292		307	345		362	389	394

408	443	462	479	481	572	577	608	685	793	826

?

5 복습과 응용

1. 먼저 다음의 식들을 계산하시오. 그리고 아래 빈칸에 주어진 숫자에 해당하는 알파벳 문자를 써넣으시오.

$34 + 18 =$ R	$130 - 12 =$ G	$60 + 70 =$ O	
$17 + 18 =$ L	$121 + 31 =$ I	$150 - 12 =$ O	
$97 - 22 =$ E	$180 - 11 =$ N	$62 - 35 =$ I	
$98 - 17 =$ S	$110 - 13 =$ M	$31 + 61 =$ L	
$43 + 26 =$ R	$146 + 31 =$ G	$74 - 45 =$ D	

$30 + 80 =$ E	$28 - 13 =$ B	$91 - 48 =$ E
$90 + 50 =$ M	$83 - 16 =$ A	$103 + 22 =$ R
$101 + 11 =$ T	$99 - 13 =$ H	
$41 - 19 =$ R	$99 - 27 =$ N	
$71 - 16 =$ Y	$53 + 25 =$ S	
$63 + 26 =$ E	$41 + 23 =$ H	

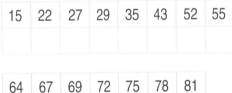

15	22	27	29	35	43	52	55

64	67	69	72	75	78	81

86	89	92	97	110	112

118	125	130	138	140	152	169	177

두뇌 자극하기

빈칸에 무엇이 들어가야 하는가를 생각하고
알맞은 것을 써넣으시오.

2.

3.

4.

5.

월요일	금요일		일요일	목요일		금요일	화요일
수요일			화요일				

6.

1월	5월		2월	6월		3월	7월
3월			4월				

공책에 연습하기

65. 2576 − (1088 + 1006)

66. 6988 + (5648 − 4996)

67. 7855 − 6540 + 5540

각 문제에 대해 알맞은 식을 쓰고 푸시오.

68. 승마 바지는 78유로이고 승마 자켓은
85유로입니다. 두 여자 아이에게
승마 바지와 승마 자켓을 모두
사 주려면 얼마가 필요합니까?

69. 어머니는 조안나에게 99유로짜리
승마 부츠와 86유로짜리 모자를
사 주었습니다. 어머니가 200유로를
낸다면 거스름돈은 얼마입니까?

70. 조안나의 말 먹이 값은 일주일에
59유로이고, 마구간 이용료는
일주일에 75유로입니다. 4주 동안의
말 먹이 값과 마구간 이용료는 모두
얼마입니까?

1. 각 수가 수직선의 어디에 해당하는지 찾으시오.
   그리고 해당하는 알파벳 문자를 빈칸에 쓰시오.

59900 ☐	59900 ☐	61200
61200 ☐	61200 ☐	63400
59300 ☐	59700 ☐	61200
60700 ☐	62900 ☐	63900
61200 ☐	64400 ☐	64400
59900 ☐	64100 ☐	60300
61800 ☐	64600 ☐	59900
59100 ☐		64900
63900 ☐	63800	
	63200	
59900 ☐	64900	
61700 ☐		
59400 ☐	62100	
61200 ☐	61800	
	64300	
60500 ☐	62900	
62400 ☐		
63200 ☐		
64900 ☐		
61200 ☐		

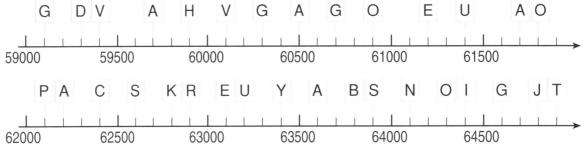

G D V   A H V G A G O   E U   A O

59000   59500   60000   60500   61000   61500

P A C S K R E U Y A B S N O I G J T

62000   62500   63000   63500   64000   64500

170

2. 계산했을 때 답이 가장 작은 수가
되도록 숫자들을 배치하시오.

1)

$$+$$

2)

$$-$$

71. 큰 수부터 작은 수로 순서대로
쓰시오.

1) 18908, 18990, 19100,
19099, 18989, 18899

2) 36630, 36660, 37000,
36703, 37010, 36666

3) 78905, 78950, 78990,
77999, 78999, 79900

72. 다음에 올 수 세 개를 규칙에 따라
차례대로 쓰시오.

1) 17500, 18000, 18500, ...

2) 34000, 34200, 34400, ...

3) 57300, 57600, 57900, ...

4) 88200, 88600, 89000, ...

171

다음 식들을 계산하시오. 그리고 계산의 첫 번째 단계의 답을 식 위에 쓰시오.

1. $300 - 5 \times 50 =$

   $400 - 4 \times 90 =$

   $500 - 6 \times 70 =$

   $700 - 7 \times 90 =$

2. $700 + 5 \times 60 =$

   $900 + 2 \times 80 =$

   $900 - 9 \times 90 =$

   $800 - 9 \times 80 =$

3. $30 \times 30 - 300 =$

   $50 \times 20 - 400 =$

   $80 \times 70 - 600 =$

   $60 \times 80 - 800 =$

4. $1000 - 20 \times 40 =$

   $1200 - 30 \times 40 =$

   $1500 - 20 \times 70 =$

   $2000 - 20 \times 90 =$

5. $8 \times (25 + 15) =$

   $7 \times (38 + 12) =$

   $6 \times (34 + 16) =$

   $9 \times (45 - 15) =$

6. $(15 - 6) \times (12 - 3) =$

   $(14 - 7) \times (16 - 8) =$

   $(13 - 9) \times (15 - 8) =$

   $(18 - 9) \times (17 - 8) =$

7. $6 \times 4 \times 5 =$

   $8 \times 9 \times 5 =$

   $25 \times 5 \times 4 =$

   $6 \times 50 \times 5 =$

8. 같은 모양은 같은 숫자를 의미합니다.
   각각의 모양이 의미하는 숫자를 찾아서
   쓰시오.

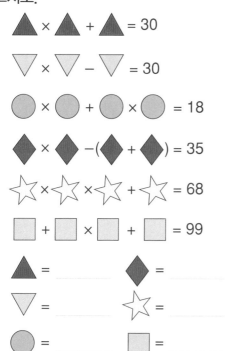

▲ × ▲ + ▲ = 30

▽ × ▽ − ▽ = 30

● × ● + ● × ● = 18

◆ × ◆ − (◆ + ◆) = 35

☆ × ☆ × ☆ + ☆ = 68

□ + □ × □ + □ = 99

▲ = _____   ◆ = _____

▽ = _____   ☆ = _____

● = _____   □ = _____

각 문제에 대해 알맞은 식을 쓰시오.

73. 고양이 사진 작은 것은 25유로,
    고양이 사진 큰 것은 55유로입니다.
    고양이 사진 큰 것 한 장은
    고양이 사진 작은 것 2장보다
    얼마나 더 비쌉니까?

74. 고양이보호협회에서는 고양이 그림엽서
    를 한 장당 90센트에 팔고, 고양이 배지
    는 한 개당 2.50유로에 팝니다.
    다음의 총 금액을 쓰시오.

   1) 그림엽서 4장과 배지 1개는 얼마입니까?

   2) 그림엽서 5장과 배지 2개는 얼마입니까?

75. 고양이 먹이 통조림 작은 것은 280g,
    큰 것은 670g입니다. 통조림 큰 것 2개는
    통조림 작은 것 4개보다 얼마나 더
    무겁습니까?

76. 에밀리는 카드 3장을 한 장에 90센트씩
    주고, 고양이 사진 한 장을 35유로 주고
    샀습니다. 그녀가 40유로를 낸다면
    거스름돈은 얼마입니까?

1.

1) 8080 − 6969

2) 7005 − 677

3) 90001 − 77002

4) 81005 − 9999

2.

1) 83880 + 13666

2) 52789 + 47210

3) 5 × 789

4) 9 × 987

3.

1) 28 × 347

2) 32 × 589

3) 76 × 987

숫자들을 빈칸에 알맞게 써넣으시오.

4.

| 4 | 5 | 6 | 7 |

$$\boxed{} \times \boxed{} - \boxed{} \times \boxed{} = 2$$

$$\boxed{} + \boxed{} - (\boxed{} + \boxed{}) = 2$$

$$\boxed{} - \boxed{} + \boxed{} - \boxed{} = 2$$

$$\boxed{} + (\boxed{} - \boxed{}) - \boxed{} = 2$$

5.

| 2 | 4 | 6 | 8 |

$$\boxed{} + \boxed{} - \boxed{} - \boxed{} = 0$$

$$(\boxed{} + \boxed{} + \boxed{}) \div \boxed{} = 4$$

$$\boxed{} \times \boxed{} \div (\boxed{} - \boxed{}) = 4$$

$$\boxed{} \times \boxed{} \div (\boxed{} + \boxed{}) = 4$$

77. 35 × 216
78. 66 × 580
79. 55 × 955
80. 79 × 358

각 문제에 대해 알맞은 식을 쓰고 푸시오.

81. 나단의 아기 돼지를 동물 병원에서 진료하는 데에는 45.80유로가 들었고 약을 처방받는 데에는 19.90유로가 들었습니다. 나단이 100유로를 낸다면 거스름돈은 얼마입니까?

82. 나단이 아기 돼지의 자켓과 줄을 샀습니다. 자켓의 가격은 59.90유로이고, 지불한 돈은 모두 93.65유로입니다. 줄의 가격은 얼마입니까?

83. 나단은 하나에 175g인 통조림 먹이를 4개 사고, 하나에 290g인 통조림 먹이를 5개 샀습니다. 모든 통조림들의 무게를 합하면 모두 얼마나 됩니까?

84. 이브는 하나에 175g인 통조림 5개를 사고 더 큰 통조림 1개를 샀습니다. 모든 통조림들의 무게를 합친 것은 1200g이었습니다. 큰 통조림의 무게는 얼마입니까?

셰퍼드

셰퍼드 사육협회는 1899년에 처음 만들어졌습니다.

1908년, 핀란드에서 처음으로 셰퍼드들을
헬싱키 경찰청에서 쓰기 위해 수입했습니다.
1920년대부터 핀란드에서 셰퍼드의 숫자가 많아졌습니다.
왜냐하면 셰퍼드는 영리하고 사람들이 원하는 일을
열정적으로 했기 때문입니다. 셰퍼드들은 경찰견, 경비견,
안내견, 마약이나 생물학 무기의 냄새를 찾아내는
개로 훈련되었습니다. 셰퍼드들은 또한 다양한 구조 상황,
예를 들어 폐허에서 사람을 찾거나 눈사태 이후 눈 아래에서
사람을 찾는 등의 일에 적합합니다.

셰퍼드 강아지의 훈련은 태어난 지 2달 반이 되었을 때
자신의 이름을 알아듣고 목줄에 익숙해질 때 시작됩니다.
그리고 진정한 복종 훈련은 태어난 지 8개월이 되었을 때
시작합니다.

1. 2000년이면 셰퍼드 사육협회가
   만들어진 지 몇 년이 되는 해입니까?

2. 셰퍼드가 처음 핀란드에 온 지는
   몇 년이 되었습니까? (2016년 기준)

3. 강아지가 목줄을 차고 훈련을 시작할 때는
   태어난 지 몇 주가 되었을 때입니까?
   (1달 = 4주)

4. 강아지가 복종 훈련을 받기 시작할 때는
   태어난 지 몇 주가 되었을 때입니까?

5. 셰퍼드의 강아지들 수를
   십의 자리에서 반올림하여
   백의 자리로 나타내시오.

연도	등록된 강아지들
1993	3457 = 약 3500
1994	2842
1995	2688
1996	2022
1997	1935
1998	1792
1999	1728
2000	1680
2001	1607
2002	1633
2003	1758

6. 1993년부터 2003년까지 등록된 셰퍼드 강아지들의 수를 보고
   꺾은선그래프를 그리시오. 십의 자리에서 반올림하여 백의 자리로 나타내시오.

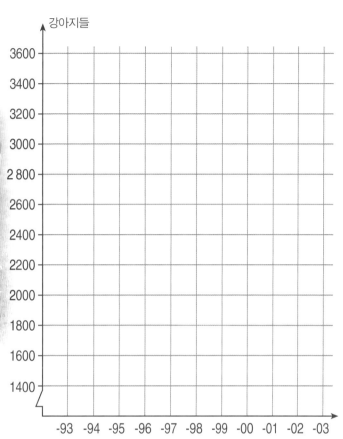

공책에 연습하기

85. 3 × 2057 + 9788

86. 38000 − 6 × 4676

87. 24879 + 34688 − 7 × 6908

88. 12 × 5300 − (45500 − 37899)

89. 조슈아는 셰퍼드의 복종 훈련을
    일주일에 2회, 2시간씩 시킵니다.
    훈련을 받는 셰퍼드는 16주 동안
    훈련을 모두 몇 시간 받게 됩니까?

90. 조슈아는 그의 개와 3500m를 하루에
    2번씩 뜁니다. 조슈아가 일주일 동안
    뛰는 거리는 모두 얼마나 됩니까?

91. 다른 음식들과 함께 개는 300g의
    개 먹이용 사료와 150g의 개 먹이용
    통조림을 매일 먹습니다. 12월에
    개는 개 먹이용 사료와 개 먹이용
    통조림을 얼마나 먹게 됩니까?
    (12월은 31일까지 있습니다.)

177

연산 연습하기

1회

92. 1) 349 + 588 + 63
2) 1163 + 78 + 759

93. 1) 3005 − 1336
2) 9007 − 8338

94. 1) 6813 − 1819
2) 9010 − 6777

95. 1) 918 + 3007 + 79
2) 1318 + 815 + 667

2회

96. 1) 10000 − 7888
2) 12000 − 9998

97. 1) 15807 + 18760
2) 45512 + 34568

98. 1) 52100 − 48644
2) 93005 − 24119

99. 1) 19909 + 26515
2) 17415 + 26625

3회

100. 1) 3600 − 5 × 49
2) 4953 − 6 × 83

101. 1) 7989 + 8 × 97
2) 8865 + 9 × 89

102. 1) 9002 − 7 × 338
2) 8008 − 9 × 412

103. 1) 39084 + 6 × 1099
2) 74379 + 9 × 1475

4회

104. 1) 8 × 467
2) 7 × 808

105. 1) 6 × 1212
2) 7 × 5434

106. 1) 9 × 1347
2) 8 × 4425

107. 1) 6 × 8898
2) 7 × 9997

5회

108. 1) 5 × 15308
2) 6 × 12037

109. 1) 4 × 19722
2) 5 × 19998

110. 1) 3 × 29377
2) 6 × 12778

111. 1) 8 × 10543
2) 7 × 12619

6회

112. 1) 15 × 370
2) 25 × 340

113. 1) 26 × 735
2) 32 × 825

114. 1) 44 × 1015
2) 56 × 525

115. 1) 42 × 865
2) 87 × 977

7회

116. 1) 45 × 808
2) 47 × 939

117. 1) 25 × 840
2) 75 × 280

118. 1) 50 × 198
2) 70 × 715

119. 1) 40 × 2375
2) 60 × 1555

8회

120. 1) 5 × (9610 − 4605)
2) 7 × (878 + 4829)

121. 1) 10000 − 5 × 1885
2) 13000 − 7 × 809

122. 1) 8 × 12500 − 999
2) 9707 − 9 × 707

123. 1) (12000 − 999) × 4
2) (11603 + 2255) × 4

4-1

정답

일러두기

답의 개수가 많은 문제들이 있습니다. 그러한 문제들의 앞에 「예입니다. 다양한 답이 가능합니다.」라고 표기해 두었습니다. 학생들이 예시되어 있는 답과 다른 답을 썼다 하더라도 수학적으로 틀린 것이 아니라면 답으로 인정하시면 됩니다.

혹시 답에 대해서 다른 의견이 있거나 답에 대한 의문이 있을 때에는 출판사 인터넷 카페를 이용해서 질문해 주시면 성의껏 답을 해 드리겠습니다.

답을 분실하셨을 때에도 인터넷 카페를 방문해 주십시오.

인터넷 카페 주소 : http://cafe.naver.com/finlandmath

1 덧셈과 뺄셈, 0~9999

4쪽

1. 25	**2.** 7	**3.** 66
25	16	94
33	25	85
47	52	88

4. 240	**5.** 268	**6.** 38
462	339	69
684	505	77
913	877	77

7. 99	**8.** 41	**9.** 60
98	44	60
98	21	11
69	46	21

6쪽

1. 70	**2.** 41	**3.** 32
70	52	62
90	73	72
90	84	93
100	95	94

4. 28	**5.** 16	**6.** 19
28	16	18
39	55	38
29	27	26
29	47	57

7. 74	**8.** 40	**9.** 9
68	29	7
55	49	8
91	39	7
91	59	7

5쪽

10. 12×2=24, 24€
11. 14×2=28, 28€
12. 13×3=39, 39€
13. 12×3=36, 36€
14. 40−26=14, 14€
15. 50−12×4=2, 2€
16. 50−14×3=8, 8€

7쪽

10.
1) 30+51=81, 81km
2) 38+30=68, 68km
3) 29+42=71, 71km
4) 29+29=58, 58km
5) 48+36=84, 84km
6) 29+38=67, 67km
7) 48+30=78, 78km

11.
1) 48−30=18, 18km
2) 51−48=3, 3km
3) 51−38=13, 13km
4) 38−29=9, 9km
5) 42−29=13, 13km

8쪽

1. 5
7
6
4

2. 8
7
6
6

3. 7
8
6
9

4. 4
6
9
5

5. 14
15
18
18

6. 9
8
4
7

7. 9
9
9
6

8. 21
41
43
45

9쪽

9. 월요일
10. 7시간×6일=42시간
11. 3×5=15, 15€
12. 3.5×3=10.5, 10€ 50c 또는 10.50€
13. 15+2.5+2.5=20, 20€
14. 40−(4×8)=8, 8€
15. 10−(3.5+3.5)=3, 3€

10쪽

1. 13
11
15
16

2. 21
22
21
24

3. 35
35
34
37

4. 6
8
7
8

5. 5
6
5
8

6. 11
14
16
16

7. 32
44
44
49

8. 14
18
17
13

11쪽

9.
1) 참	**7)** 참
2) 거짓	**8)** 거짓
3) 참	**9)** 참
4) 참	**10)** 거짓
5) 거짓	**11)** 참
6) 참	**12)** 참

12쪽

1. 식: 100−65=35
답: 35km

2. 식: 120−40=80
답: 80km

3. 식: 110+170=280
답: 280km

4. 식: 240−120=120
답: 120km

13쪽

5. 식: 30+38+60=128
답: 128쪽

6. 식: 120−40−25=55
답: 55쪽

7. 식: 145−70−50=25
답: 사진 25장

8. 식: 20−6−6=8
답: 8€

14쪽

1.
```
  1 1 1
  2 6 6 9
+ 5 8 3 7
─────────
  8 5 0 6
```

2.
```
    1   1
  3 6 4 8
+ 5 4 2 8
─────────
  9 0 7 6
```

3.
```
  1 1 1
  7 9 7 5
+   7 6 5
─────────
  8 7 4 0
```

4.
```
  2 1 1
    9 5 5
    9 0 7
+ 6 3 6 4
─────────
  8 2 2 6
```

5.
```
    1   1
    9 0 7
  8 6 4 5
+   4 2 4
─────────
  9 9 7 6
```

6.
```
      1 2
  4 0 8 8
  2 0 5 8
+ 3 0 0 4
─────────
  9 1 5 0
```

7.
```
    3 10
  7 4 0 9
− 2 3 8 4
─────────
  5 0 2 5
```

8.
```
  8 15 10
  9 6 0 8
− 4 8 5 3
─────────
  4 7 5 5
```

9.
```
  5 15 16
  6 6 6 6
−   8 8 0
─────────
  5 7 8 6
```

10.
```
  6 14 13 11
  7 5 4 1
− 2 6 8 4
─────────
  4 8 5 7
```

11.
```
  7 14 15
  8 5 5 7
− 2 8 8 1
─────────
  5 6 7 6
```

12.
```
  8 16 12
  9 7 2 9
− 3 7 8 1
─────────
  5 9 4 8
```

15쪽

공책에 연습하기

2. 750+125=875, 875€

3. 100−45=55, 55€

4. 240+250+225=715, 715km

5. 7900−2500−2600=2800, 2800g

16쪽

1.
```
    8 9 11
    9 0 1
  −  2 2 3
    6 7 8
```
2.
```
    7 9 16
    8 0 6
  −    9 9
    7 0 7
```
3.
```
    5 9 10
    6 0 0
  −  4 8 9
    1 1 1
```
4.
```
    4 9 12
    5 0 2 7
  − 1 6 3 4
    3 3 9 3
```
5.
```
    5 10 9 14
    6 1 0 4
  −    4 2 6
    5 6 7 8
```
6.
```
    6 9 11 12
    7 0 2 2
  − 1 3 4 4
    5 6 7 8
```
7.
```
    5 9 9 13
    6 0 0 3
  − 3 3 4 4
    2 6 5 9
```
8.
```
    6 9 9 14
    7 0 0 4
  − 1 9 9 9
    5 0 0 5
```
9.
```
    8 9 9 12
    9 0 0 2
  − 2 1 1 6
    6 8 8 6
```
10.
```
    8 9 9 16
    9 0 0 6
  − 8 9 9 7
            9
```
11.
```
    7 9 9 10
    8 0 0 0
  − 4 5 4 4
    3 4 5 6
```
12.
```
    6 9 9 11
    7 0 0 1
  − 5 7 6 6
    1 2 3 5
```

17쪽

공책에 연습하기

2. 1624−1250=374, 374년

7. 1550−1254=296, 296년

8. 2000−1786=214, 214년

9. 1009−890=119, 119km

10. 550+140+140=830, 830€

18쪽

1.
```
        1   1
        8 1 9
  + 3 8 1 7
    4 6 3 6
```
4.
```
      1 1 1
      2 7 9 8
  + 5 6 0 9
    8 4 0 7
```
```
    7 13 9 17
    8 4 0 7
  − 1 5 2 9
    6 8 7 8
```
2.
```
    8 9 9 11
    9 0 0 1
  − 1 2 3 5
    7 7 6 6
```
5.
```
    8 9 9 13
    9 0 0 3
  −    8 8 8
    8 1 1 5
```
```
    7 10 10 15
    8 1 1 5
  − 1 3 3 9
    6 7 7 6
```
3.
```
    8 9 9 10
    9 0 0 0
  − 3 3 2 2
    5 6 7 8
```
6.
```
    8 10 11
    9 1 1 9
  − 7 8 8 7
    1 2 3 2
```
```
    1 1 1
    1 2 3 2
  − 6 7 6 8
    8 0 0 0
```

19쪽

7. **1)** 참

2) 거짓

3) 참

4) 참

공책에 연습하기

11. 309−126−126=57

12. 342×2−271×2=142, 142km

20쪽

1. **1)** 강아지

2) 도마뱀

2. **1)** 도마뱀

2) 고양이

3. **1)** 8−4=4, 4명

2) 14−12=2, 2명

4. **1)** 18−2=16, 16명

2) 12−6=6, 6명

5. 앵무새

6. **1)** 8+14+12+2+5=41, 41명

2) 4+12+6+18+5=45, 45명

21쪽

	곰	스라소니	물개	개	호랑이	독수리
남자 어린이	15	13	3	13	14	9
여자 어린이	7	8	19	17	8	3
합	22	21	22	30	22	12

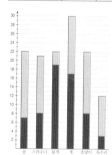

8. **1)** 물개

2) 곰

3) 개

9. **1)** 독수리

2) 물개

3) 독수리

22쪽

1. **1)** 12℃, 화요일

2) 1℃, 금요일

2. 화요일

3. 수요일

4.

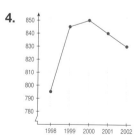

3

5.

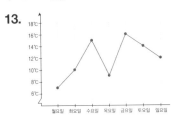

6. 1) 2001

   2) 1998, 1999

7. 1) 2001

   2) 2000

8. 2000

공책에 연습하기

13.

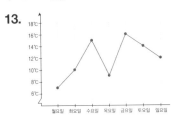

🏠 예입니다.

  학생이 만드는 문제에 따라 점검해 주세요.

1. 1) 어른 고슴도치의 몸무게는 어른 다람쥐의 몸무
    게보다 얼마나 더 무겁습니까?

    식 : 900g−400g=500g

    답 : 500g

  2) 다람쥐의 코끝부터 꼬리 끝까지의 길이는 고슴
    도치의 몸통 길이보다 얼마나 깁니까?

    식 : (25cm+18cm)−30cm

        = 43cm−30cm

        = 13cm

    답 : 13cm

2. ☑ 대답할 수 있다. ☐ 대답할 수 없다.   답 : 12cm

3. ☑ 대답할 수 있다. ☐ 대답할 수 없다.   답 : 13cm

4. ☐ 대답할 수 있다. ☑ 대답할 수 없다.

5. ☑ 대답할 수 있다. ☐ 대답할 수 없다.   답 : 37cm

6. ☑ 대답할 수 있다. ☐ 대답할 수 없다.   답 : 4000kg

                                  또는 4t(톤)

7. ☑ 대답할 수 있다. ☐ 대답할 수 없다.   답 : 450kg

8. ☐ 대답할 수 있다. ☑ 대답할 수 없다.

9. ☐ 대답할 수 있다. ☑ 대답할 수 없다.

1.

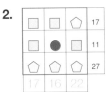

	+	+	=	
+	●	●	□	19
+	♥	□	●	16
=	●	●	●	18
	15	19	19	

2.

□	□	⬠	17
□	●	□	11
⬠	△	⬠	27
17	16	22	

3.

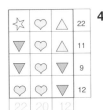

☆	♥	△	22
▽	♥	△	11
▽	♥	▽	9
♥	♥	▽	12
22	20	12	

4.

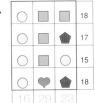

○	■	■	18
○	■	⬠	17
○	■	○	15
○	♥	⬠	18
16	29	23	

5.

★	○	■	21
○	■	○	19
★	♥	■	18
○	○	○	21
32	23	24	

6.

●	●	△	11
△	■	●	10
△	□	■	13
■	△	△	11
17	13	15	

27쪽

※일부 문제의 답의 형태는 다를 수 있습니다.

7.

1)   2)   3)

4)   5)   6)

7) 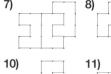   8)   9)

10)   11)   12)

28쪽 4-5쪽 숙제

1. 25   **3.** 7   **5.** 11
  25   7   5
  22   9
  24   8

2. 31   **4.** 27
  44   37
  54   54
  67   68

28쪽 6-7쪽 숙제

1. 33   **3.** 6   **5.** 9
  31   7
  53   8
  62   7

2. 72   **4.** 15
  94   14
  86   15
  93   17

29쪽 8-9쪽 숙제

1. 8   **3.** 9   **5.** 1) 1441
  4   9   2) 69
  7   7
  8   7

2. 5   **4.** 12
  4   22
  7   31
  7   13

29쪽 10-11쪽 숙제

1. 4   **3.** 21   **5.** 1) 4, 1
  7   26   2) 3, 2
  8   24
  5   25

2. 9   **4.** 32
  5   33
  7   40
  8   41

30쪽 12-13쪽 숙제

1. 식: 165-110=55   **3.** 식: 20-7-7=6
  답: 55km   답: 6€
2. 식: 90-35-20=35   **4.** 식: 20-8-9=3
  답: 35쪽   답: 3€

30쪽 14-15쪽 숙제

1.
```
    2 4 6 8
      4 6 8
  +     6 7
  ─────────
    3 0 0 3
```
3.
```
    4 9 4 9
          9
  + 4 6 3 6
  ─────────
    9 5 9 4
```

2.
```
    9 0 8 0
  - 7 4 5 4
  ─────────
    1 6 2 6
```
4.
```
    9 8 7 1
  - 2 5 9 9
  ─────────
    7 2 7 2
```

31쪽 16-17쪽 숙제

1.
```
  5 0 0 3
- 3 5 8 9
─────────
  1 4 1 4
```

4.
```
  9 0 2 0
-   8 3 2
─────────
  8 1 8 8
```

7.
1) 2
2) 12
3) 11가지

2.
```
  4 0 0 0
- 2 9 9 9
─────────
  1 0 0 1
```

5.
```
  2 0 0 2
-   9 8 7
─────────
  1 0 1 5
```

3.
```
  6 0 0 1
- 4 1 1 2
─────────
  1 8 8 9
```

6.
```
  9 0 0 0
- 7 9 9 9
─────────
  1 0 0 1
```

31쪽 18-19쪽 숙제

1.
```
  3 8 8 2
+ 1 1 1 8
─────────
  5 0 0 0
```
```
  5 0 0 0
- 2 5 2 5
─────────
  2 4 7 5
```

4. 1)
```
  3 1 7 6
  5 4 3 8
+ 1 3 3 7
─────────
  9 9 5 1
```

2.
```
  9 0 0 7
- 6 2 2 8
─────────
  2 7 7 9
```
```
  2 7 7 9
+ 2 3 3 2
─────────
  5 1 1 1
```

2)
```
  8 0 0 3
- 5 7 6 5
─────────
  2 2 3 8
```

3.
```
  8 0 1 0
- 5 1 2 5
─────────
  2 8 8 5
```
```
  2 8 8 5
- 1 9 9 7
─────────
    8 8 8
```

32쪽 20-21쪽 숙제

1. 8
12
16
14
18

2. 9
18
24
21
27

3. 12
24
32
28
36

4. 25
35
30
40
45

5. 1) 5   🪙 1

2) 🪙 3   🪙 3

32쪽 22-23쪽 숙제

1.

2. 1) 2   3

2) 4   🪙 1

33쪽 24-25쪽 숙제

1. 18
42
36
54
48

2. 28
42
35
63
56

3. 32
48
56
40
72

4. 36
54
72
81
63

5.

11	6	7
4	8	12
9	10	5

34쪽 4-5쪽을 위한 심화 학습

1.

1)
```
          42
      19    23
    9   10    13
  5   4   4   7
```

2)
```
          50
      25    25
    13   12   13
  7   6   6   7
```

3)
```
          68
      33    35
    16   17   18
  8   8   9   9
```

4)
```
          80
      41    39
    20   21   18
  9   11   10   8
```

2. 7
4

3. 9
4

4. 9
5

6

1.

1) 7
9
25
22

2) 4
6
8
20

3) 3
6
20
25

4) 8
16

2.

1) **2)**

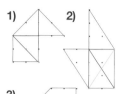

3)

4)

5) **6)**

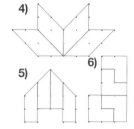

1.

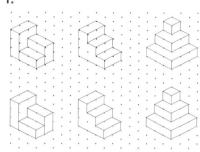

2. 1) 198　**3)** 401
698　　602
297　　301
396　　902

2) 200　**4)** 199
199　　399
203　　298
300　　899

※ 일부 숫자는 변경 가능합니다.
숫자의 크기 순서만 맞다면 모두 답이 됩니다.

1.

1) 2 1 < 2 4 < 2 6 < 2 8

2) 2 2 < 2 4 < 3 2 < 3 6

3) 4 7 > 4 6 > 4 3 > 4 2

4) 5 9 > 5 0 > 4 6 > 3 2

2.

1)
65	+	20	+	15
+		+		+
10		100		50
+		+		+
25	+	40	+	35

4)
120	+	320	+	60
+		+		+
330		500		210
+		+		+
50	+	220	+	230

2)
30	+	145	+	25
+		+		+
115		200		165
+		+		+
55	+	135	+	10

5)
150	+	310	+	340
+		+		+
300		800		260
+		+		+
350	+	250	+	200

3)
30	+	120	+	250
+		+		+
10		400		130
+		+		+
360	+	20	+	20

6)
900	+	85	+	15
+		+		+
55		1000		130
+		+		+
45	+	100	+	855

1.

1)

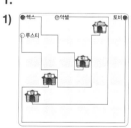

2)

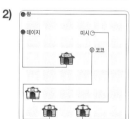

2.

1) 17
19
20
17
15

2) 8
9
7
6
11

3) 2
4
10
2
2

39쪽 14–15쪽을 위한 심화 학습

1.
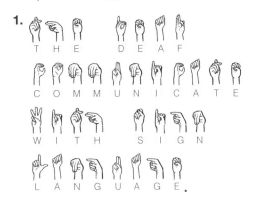

THE DEAF
COMMUNICATE
WITH SIGN
LANGUAGE.

41쪽 18–19쪽을 위한 심화 학습

1.

1)
```
    1 9 3
  + 1 9 3
    3 8 6
```

2)
```
    1 5 8
  + 1 5 8
    3 1 6
```

3)
```
    3 5 7
  + 3 5 7
    7 1 4
```

4)
```
    3 7 4
  +   4 8
    4 2 2
```

5)
```
      7 9
  +   2 3
    1 0 2
```

2.

1) 6
2) 7
3) 11

40쪽 16–17쪽을 위한 심화 학습

1.
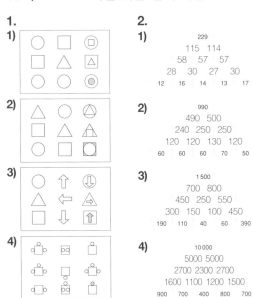

2.

1)
```
         229
     115 114
      58  57  57
      28  30  27  30
   12  16  14  13  17
```

2)
```
         990
     490 500
     240 250 250
     120 120 130 120
   60  60  60  70  50
```

3)
```
        1 500
     700 800
     450 250 550
     300 150 100 450
   190 110  40  60 390
```

4)
```
       10 000
     5000 5000
     2700 2300 2700
     1600 1100 1200 1500
   900  700  400  800  700
```

42쪽 20–21쪽을 위한 심화 학습

1.
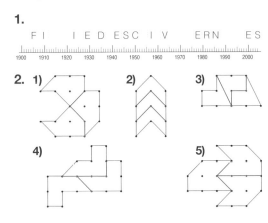

2.
1) 2) 3) 4) 5)

8

1.

1) 100g, 50g
2) 150g, 50g
3) 300g, 50g
4) 150g, 50g

2.

A 3	B 6	C 9		
D 5	9	0		
E 7	5	F	9	G 1
		H 1	J 6	5
K 4	1	L 3	M 9	2	5
9	N 3	7		
P 2	7	R	1	6
S 6	T 6	V 9		
U 8	2	5		

1.

① 닭을 옮긴다.
② 여우를 옮기고, 닭을 데리고 온다.
③ 곡물을 가지고 가고 혼자 온다.
④ 닭을 데리고 간다.

1.

28 + 48 =	76	F	59 − 17 = 42	M	31 − 15 = 16 F
39 + 39 =	78	I	67 − 32 = 35	E	51 − 32 = 19 K
27 + 54 =	81	N	78 − 38 = 40	S	71 − 49 = 22 N
54 + 31 =	85	L	97 − 58 = 39	R	81 − 63 = 18 L
63 + 25 =	88	A	88 − 39 = 49	I	91 − 71 = 20 I

26 + 29 =	55	R	32 − 21 = 11	L	55 + 16 = 71 T
37 + 15 =	52	G	43 − 26 = 17	U	35 + 37 = 72 O
48 + 11 =	59	A	64 − 51 = 13	U	25 + 66 = 91 N
35 + 27 =	62	T	74 − 59 = 15	R	69 + 25 = 94 D
38 + 27 =	65	E	94 − 82 = 12	O	

47 − 38 =	9	O	41 − 15 = 26	F	
56 − 49 =	7	W	51 − 26 = 25	G	
66 − 58 =	8	C	61 − 32 = 29	S	
54 − 48 =	6	E	71 − 43 = 28	I	
82 − 79 =	3	F	91 − 59 = 32	H	

3 6 7   8 9 11 12 13 15 16 17 18
F E W   C O L O U R F U L

19 20 22 25 26 28 29 32 35 39 40
K I N G F I S H E R S

42 49 52 55 59 62 65   71 72   76 78 81 85 88 91 94
M I G R A T E   T O   F I N L A N D

2 다섯 자리의 수

46쪽

1.

1)
만	천	백	십	일
2	4	3	1	3

2)
만	천	백	십	일
2	1	0	3	2

3)
만	천	백	십	일
1	3	2	0	3

4)
만	천	백	십	일
3	1	2	0	0

5)
만	천	백	십	일
1	3	1	3	2

6)
만	천	백	십	일
	3	3	0	2

47쪽

2.

1)
만	천	백	십	일
2	4	0	0	3

2)
만	천	백	십	일
1	0	5	4	0

3)
만	천	백	십	일
3	0	0	4	3

4)
만	천	백	십	일
2	3	0	0	6

5)
만	천	백	십	일
5	1	0	0	2

3.

1) 2 6 5 0 0
2) 4 5 2 1 7
3) 6 1 0 9 0
4) 1 4 1 1 0
5) 3 5 1 0 1
6) 1 5 0 1 5
7) 1 7 0 1 7

48쪽

1.

1)
9906	9907	9908	9909	9910
9997	9998	9999	10000	10001
10396	10397	10398	10399	10400
15997	15998	15999	16000	16001
89098	89099	89100	89101	89102

2)
29996	29997	29998	29999	30000
10006	10007	10008	10009	10010
10097	10098	10099	10100	10101
10997	10998	10999	11000	11001
19997	19998	19999	20000	20001

49쪽

2.

1)
20009	20010
13019	13020
26199	26200
59899	59900
70099	70100
46999	47000

2)
25999	26000
70999	71000
80999	81000
93999	94000
19999	20000
69999	70000

3.

1)
8999	9000
10009	10010
20099	20100
30109	30110
52499	52500
67799	07000

2)
9999	10000
29999	30000
49999	50000
69999	70000
79999	80000
89999	90000

공책에 연습하기

14. 12379, 12380, 12381
15. 38900, 38901, 38902
16. 53298, 53299, 53300
17. 81000, 81001, 81002
18. 90999, 91000, 91001

50쪽

1.

51000 N	69000 N	61000 M
44000 O	42000 A	66000 A
59000 G	53000 L	64000 M
46000 T		71000 M
56000 U		42000 A
49000 R		68000 L
		48000 S

2.

92000 F	96000 S	76000 G
74000 L	72000 Q	91000 L
84000 Y	99000 U	97000 I
79000 I	94000 I	73000 D
86000 N	82000 R	93000 E
89000 G	77000 R	
	98000 E	
	81000 L	
	88000 S	

51쪽

3.

59700 F	61900 E	62900 F
60600 L	60900 N	63200 L
59100 U	64100 A	64400 I
61100 F	62100 B	63900 G
59400 F	62800 L	64300 H
59900 Y	63600 E	63800 T
	64800 S	

61600 P	62300 S
60100 L	63100 I
60800 U	64900 L
60300 M	64600 E
61800 A	63400 N
60400 G	63800 T
61300 E	

공책에 연습하기

19. 30700, 30800, 30900, 31000
20. 40980, 40990, 41000, 41010
21. 59900, 59950, 60000, 60050
22. 89925, 89950, 89975, 90000

52쪽

1.
1)

19900	<	20000		
22800	>	18900		
47700	<	48000		
56200	>	55900		
78999	<	79000		

2)

15790	<	15899
36299	>	36290
49440	<	49445
93625	<	93652
78919	<	78920

2.

1)	**3)**
32250	78830
35250	78890
35550	78901
52520	79005
53520	79050

2)	**4)**
43690	92999
43960	93290
46390	93300
46930	93330
46940	93350

53쪽

3.
1) 바아사   **6)** 미켈리
2) 야르벤빠아   **7)** 라우마
3) 꼭까
4) 요엔수
5) 뽀르보오

공책에 연습하기

23. 바아사 → 꼭까 → 요엔수 → 하메엔린나 → 미켈리 → 뽀르보오 → 휘빈까 → 라우마 → 야르벤빠아

54쪽

1.

1) 2000	**2)** 3000	**3)** 7000
5000	7000	9000
3000	8000	4000
3000	8000	10000

2.

1) 12000
24000
33000
40000
41000

2) 10000
11000
56000
49000
92000

3.

1) 49000
50000
50000
57000
60000

2) 69000
70000
90000
39000
80000

56쪽

1. 140
1400
150
1500

5. 1600
700
1100
600

2. 80
800
40
400

6. 12350
12800
17300
62300

3. 1700
1200
1200
1600

7. 33540
33900
37500
73500

4. 300
500
500
900

8. 68520
68250
65550
38550

55쪽

4.

읍	2003년의 인구	천의 자리로 반올림
위바스낄라	81110	81000
까아야니	35842	36000
게미	23236	23000
꼭꼴라	35583	36000
꼬우볼라	31369	31000
꾸오피오	87821	88000
꾸우사모	17580	18000
라흐띠	97968	98000
랍뻬에란따	58707	59000
뿌리	75805	70000
로바니에미	35110	35000
살로	24686	25000

5.
1) 라흐띠
2) 꾸오피오
3) 꾸우사모
4) 게미
5) 뿌리
6) 게미
7) 꾸오피오
8) 꼭꼴라
9) 랍뻬에란따

57쪽

9.
1) 참
2) 참
3) 거짓
4) 참
5) 참
6) 참
7) 참
8) 참
9) 거짓

58쪽

1. 4500
6800
7900
9600

2. 3000
4000
3000
6000

3. 6100
5300
5000
4200

4. 4500
2700
500
4200

5. 20000
30000
40000
80000

6. 12000
23000
31000
44000

7. 35000
59000
67000
70000

8. 33000
51000
12000
50000

59쪽

9. 47000−42000=5000, 5000
10. 46000−42000=4000, 4000
11. 46000−35000=11000, 11000
12. 43000−30000=13000, 13000
13. 42000−37000=79000, 79000
14. 30000+25000=55000, 55000
15. 35000+36000=71000, 71000
16. 1) 예
2) 예

60쪽

1.

15000 + 7000 = 22000 E	25000 + 15000 = 40000 C	
18000 + 6000 = 24000 A	18000 + 32000 = 50000 C	
23000 − 4000 = 19000 R	41000 + 29000 = 70000 T	
25000 − 8000 = 17000 A	23000 + 37000 = 60000 I	
21000 − 6000 = 15000 R	44000 + 46000 = 90000 S	
27000 + 8000 = 35000 M	70000 − 25000 = 45000 Y	
26000 + 6000 = 32000 E	70000 − 13000 = 57000 L	
31000 − 8000 = 23000 T	90000 − 26000 = 64000 S	
34000 − 7000 = 27000 N		
33000 − 5000 = 28000 D		

15000	17000	19000	22000		23000	24000	27000	28000	32000	35000
R	A	R	E		T	A	N	D	E	M

40000	45000	50000	57000	60000	64000	70000	90000
C	Y	C	L	I	S	T	S

61쪽

2.
식 : 350+30=380
답 : 380€

3.
식 : 390−130=260
답 : 260€

4.
식 : 500−320=180
답 : 180€

5.
식 : 200−70−40=90
답 : 90€

6.
식 : 200−70−70=60
답 : 60€

7.
식 : 40+70+70=180
답 : 180€

62쪽

1.
```
  1 1 1 1
  5 5 5 5 5
+ 3 6 6 7 8
─────────
  9 2 2 3 3
```

5.
```
  1 1 1 1
  3 9 9 7 6
+ 3 9 9 7 6
─────────
  7 9 9 5 2
```

```
  8 18 14 12
  7 9 9 5 2
− 6 8 9 6 5
─────────
  1 0 9 8 7
```

2.
```
  7 10 7 10
  8 0 8 0 8
− 7 9 7 9 7
─────────
  1 0 1 1
```

6.
```
  6 9 9 9 10
  7 0 0 0 0
− 4 9 9 9 9
─────────
  2 0 0 0 1
```

```
  1 1 1
  2 0 0 0 1
+   5 9 9 9
─────────
  2 6 0 0 0
```

3.
```
  1 1 1 1
  2 7 2 7 7
+ 1 4 9 4 5
─────────
  4 2 2 2 2
```

7.
```
  7 9 9 9 18
  8 0 0 0 8
−   2 9 9 9
─────────
  7 7 0 0 9
```

```
  6 9 10
  7 7 0 0 9
− 2 2 6 8 8
─────────
  5 4 3 2 1
```

4.
```
  8 9 9 9 10
  9 0 0 0 0
− 1 2 3 4 5
─────────
  7 7 6 5 5
```

8.
```
  8 11 12 14
  9 2 3 4 5
− 2 8 7 6 5
─────────
  6 3 5 8 0
```

```
  1 1 1
  6 3 5 8 0
+   7 5 2 0
─────────
  7 1 1 0 0
```

63쪽

공책에 연습하기

24. 62800−41900=20900, 20900
25. 33600+32000+27300=92900, 92900
26. 33600−14200=19400, 19400
27. 76100−25700−25300=25100, 25100
28. 26700+25700+21000=73400, 73400

64쪽

1. 1) 라누아 동물공원
2) 꼬르께아사아리 동물원
2. 4×7=28, 28시간
3. 6×7=42, 42시간
4. 2000−1983=17, 17년
5. 2012년 기준으로 2012−1973=39, 39년
6. 32일
7. 160×2=320, 320km
8. 160km

13

65쪽

공책에 연습하기

29. 27275
30. 1001
31. 1973−1889=84, 84년
32. 95856−64361=31495명
33. 95712−(18884+10874)=65954명
34. 38522−3597−4015=30910명

66쪽

1. **1)** 50   **3.** **1)** 170
   2) 120   **2)** 260
   3) 130   **3)** 290

2. **1)** 60   **4.** 1992, 1994
   2) 90   1995, 1996
   3) 160

67쪽

공책에 연습하기

35. 77777
36. 55555
37. 66666
38. 33000+20200+19500=72700명
39. 43000−19500=23500명
40. 71000−(25000+19500)=26500명
41. 시이다

68쪽

🏠 답은 다양하게 나올 수 있습니다.

1.

첫 번째 코스 :
   파리 → 베른 → 베를린 → 코펜하겐 → 스톡홀름 →
오슬로

두 번째 코스 :
   파리 → 런던 → 오슬로 → 스톡홀름 → 헬싱키 →
모스크바

```
      550              450
      930             1740
      390              540
      630              140
    + 540           + 1230
     3040             4100
```

    3040km   41000km

69쪽

2.

   래리   마이클   케빈
   정원사   소방관   음악가

3.

   엠마   제인   에이미
   요리사   선생님   미용사

4.

   브라이언   매튜   토니   제임스
   상인   경찰관   선생님   어부

70쪽

1. **1)** 9   **2.** **1)** 8
      9   16
   2) 6   **2)** 12
      12   12
   3) 12   **3)** 18
      6   6
   4) 9   **4)** 20
      9   4

71쪽

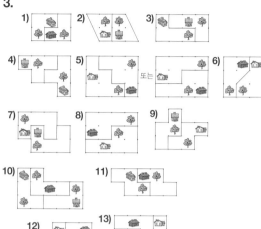 예입니다.

3.

72쪽 46−47쪽 숙제

1.
1) 9 0 | 0 0 0

2) 8 1 | 0 0 0

3) 6 0 | 0 0 5

4) 1 3 | 0 1 3

5) 1 5 | 0 5 0

2.

30	80	70
100	60	20
50	40	90

72쪽 48−49쪽 숙제

1.

10009	10010
12010	12011
23199	23200
36299	36300
47899	47900
60099	60100
79999	80000
81999	82000
89999	90000
98999	99000

2.

7999	8000
9009	9010
10099	10100
18999	19000
24899	24900
24999	25000
36999	37000
39999	40000
59999	60000
98999	99000

73쪽 50−51쪽 숙제

1.
10000 + 9583

19000 + 583

10583 + 9000

10083 + 9500

19503 + 80

9583 + 10000

9080 + 10503

583 + 19000

80 + 19503

500 + 19083

9000 + 10583

K1.

1) 10008, 10010, 10012

2) 15200, 15202, 15204

3) 24300, 24310, 24320

4) 30100, 30120, 30140

5) 39000, 39100, 39200

6) 40900, 40950, 41000

7) 51500, 52000, 52500

8) 69500, 70000, 70500

73쪽 52−53쪽 숙제

K2.

1) 25250, 22500, 20550, 20520

2) 35350, 35300, 33530, 33500

3) 42882, 42880, 42820, 42280

4) 60660, 60630, 60600, 60360

5) 72300, 72230, 72229, 72209

6) 90990, 90909, 90199, 90090

7) 92202, 92200, 92199, 92195

2.
1) 6   1

2) 3   4

74쪽 54−55쪽 숙제

1.
1) 3600 = 약 4000

7400 = 약 7000

8500 = 약 9000

8700 = 약 9000

2) 12400 = 약 12000

25500 = 약 26000

31700 = 약 32000

29800 = 약 30000

49500 = 약 50000

79530 = 약 80000

2.
1) 70

2) 605

74쪽 56-57쪽 숙제

1. 160
1600
1400
1400
1300

3. 14540
14900
18500
54500
49000

2. 70
700
700
700
600

4. 56730
56460
53760
26760
50760

75쪽 58-59쪽 숙제

1. 8700
8000
6200
2800
2100

2. 20000
56000
66000
57000
41000

3.

빨간색 공	노란색 공	검은색 공
5	5	1

75쪽 60-61쪽 숙제

공책에 연습하기

K3. 136+188+271=595, 595km
K4. 151+324+240=715, 715km
K5. 315−188=127, 127km
K6. (173−165)×2=16, 16km

76쪽 62-63쪽 숙제

공책에 연습하기

K7. 11097
K8. 18888
K9. 95+85=180, 180€
K10. 300−115−89=96, 96€
1. 2번째 층부터 차례대로
(25−16)+(25−9)+(25−4)+(25−1)=70 답 : 70개

76쪽 64-65쪽 숙제

공책에 연습하기

K11. 44244
K12. 50000
K13. 19999+22222−8888=33333
K14. 70000−55555+7777=22222
K15. 90009−38888−6666=44455

1.

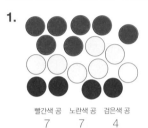

빨간색 공	노란색 공	검은색 공
7	7	4

77쪽 66-67쪽 숙제

공책에 연습하기

K16. 86070
K17. 87868
K18. 1798

1.

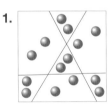

77쪽 68-69쪽 숙제

공책에 연습하기

K19. 42222
K20. 79999
K21. 55555+5555−49990=11120
K22. (91119−89991)+98862=99990
K23. 18080−(89890−79900)=8090

1. 1) 600
2) 365

1.

1) 2 0 3 0 0
만 천 백 십 일

2) 1 3 4 0 0
만 천 백 십 일

3) 4 0 0 2 0
만 천 백 십 일

4) 1 2 0 1 0
만 천 백 십 일

5) 1 3 1 0 0
만 천 백 십 일

6) 1 1 0 0 4
만 천 백 십 일

2.

1)
⬤ = 7 센트
🔺 = 8 센트
✦ = 3 센트

2)
⚽ = 6 센트
🔺 = 5 센트
⚙ = 8 센트

3)
🌕 = 4 센트
✺ = 6 센트
🌑 = 10 센트

1.

1) 765
65
60
700

3) 90000
90760
90700
90065

2) 8000
8700
8760
8065
8060

4) 98000
98065
98060
98005
98700

2.

5 5 5 — 15 센트

10 10 5 — 25 센트

10 10 10 — 30 센트

10 10 20 — 40 센트

20 20 20 — 60 센트

20 20 5 — 45 센트

5 5 10 — 20 센트

20 20 10 — 50 센트

5 5 20 — 30 센트

20 10 5 — 35 센트

1.

25900	P	26010	F
25880	H	26160	A
26100	E	25950	M
26050	A	26120	I
26030	S	25970	L
26060	A	25930	Y
26000	N		
26130	T		

2.

1) 41	20 + 21
2) 85	42 + 43
3) 501	250 + 251
4) 999	499 + 500
5) 159	79 + 80

3.

1) 12	3 + 4 + 5
2) 3	0 + 1 + 2
3) 33	10 + 11 + 12
4) 150	49 + 50 + 51
5) 75	24 + 25 + 26

1.

잡지 5권	15€	소설 6권	54€
문고본 책 6권	48€	포스터 4장	28€
포스터 8장	56€	문고본 책 7권	56€
소설 7권	63€	잡지 9권	27€
총액 :	182€	총액 :	165€

포스터 5장	35€
문고본 책 5권	40€
잡지 6권	18€
소설 8권	72€
총액 :	165€

2.

1)

15000 < A	(15010)	14900	(15110)	(16100)
26106 < B	(26116)	26006	(27006)	26100
31010 < C	31000	31001	(31100)	(31110)
20222 < D	20200	(21000)	20202	(20230)
90900 < E	89900	90090	(90909)	(91899)

2)

21600 > A	(21585)	21601	(21590)	(21599)
38900 > B	39000	(38899)	38901	(38895)
57850 > C	(56900)	57800	57851	(57849)
89990 > D	(89909)	(89989)	89991	89999
95320 > E	(94999)	95325	(95319)	(95315)

1.

※답의 순서는 바뀔 수 있습니다.

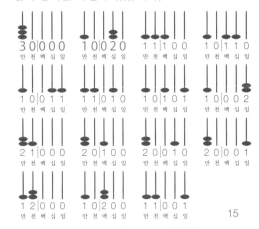

| | 3 | 0 | 0 | 0 | 0 | | 1 | 0 | 0 | 2 | 0 | | 1 | 1 | 1 | 0 | 0 | | 1 | 0 | 1 | 1 | 0 |
| 만 | 천 | 백 | 십 | 일 | | 만 | 천 | 백 | 십 | 일 | | 만 | 천 | 백 | 십 | 일 | | 만 | 천 | 백 | 십 | 일 |

1 0 0 1 1 / 1 1 0 1 0 / 1 0 1 0 1 / 1 0 0 0 2
만 천 백 십 일

2 1 0 0 0 / 2 0 1 0 0 / 2 0 0 1 0 / 2 0 0 0 1
만 천 백 십 일

1 2 0 0 0 / 1 0 2 0 0 / 1 1 0 0 1
만 천 백 십 일

15

2.

3.

1.

1)

2)

3)

2.

1)

● ● ● ● ●
● ● ● ○ ○
5 4 2
파란공 빨간공 하얀공

2)

● ● ● ● ● ● ●
● ● ○ ○ ○ ○ ○
7 6 4
파란공 빨간공 하얀공

3)

● ● ● ● ● ●
● ● ● ○ ○ ○
● ● ● ○ ○ ○
9 8 6
파란공 빨간공 하얀공

1.
1) 99099
2) 53950
3) 43990
4) 90999
5) 83730
6) 99990

2.
1)   2)

3)   4)

5)

6)   7)

8)

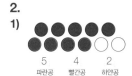
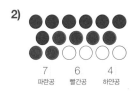
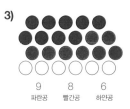

1.

1)
20	90	40
70	50	30
60	10	80

2)
30	100	50
80	60	40
70	20	90

3)
40	90	80
110	70	30
60	50	100

2.

1) 3€
   4€
2) 3€
   2€
3) 1.20€
   1€
4) 2€.
   1.50€

18

86쪽 62-63쪽을 위한 심화 학습

1.

1)
```
    1   1
  5 4 0 4
+ 1 8 6 9
─────────
  7 2 7 3
```

2)
```
      1     1
  5 4 3 2 1
+ 4 0 7 5 9
───────────
  9 5 0 8 0
```

3)
```
    1   1
  4 8 1 7
+ 3 5 4 8
─────────
  8 3 6 5
```

4)
```
    1     1
  5 4 1 6 6
+ 3 8 5 3 8
───────────
  9 2 7 0 4
```

5)
```
  4 11 10 10
  5̶ 2̶ 1̶ 0
- 2  3  4  5
────────────
  2  8  6  5
```

6)
```
    6 14 13
  7 5̶ 5̶ 3
- 6 6  5  4
───────────
  1 0  9  9
```

7)
```
  1 14 10 18
  6 2̶ 1̶ 8̶
- 6 0  7  1 9
─────────────
    1  7  9  9
```

8)
```
    6 11 7 10
  4 7̶ 1 8̶ 0
- 3 2 4 0 9
────────────
  1 4 7 7 1
```

2.

1)

2)

3)

87쪽 64-65쪽을 위한 심화 학습

1.

1) 참 2) 참 3) 거짓
4) 거짓 5) 거짓 6) 참

2.

1)
B = 60
A = 20
C = 40
D = 140

3)
E = 25
F = 100
G = 50
H = 75

2)
J = 30
K = 45
L = 150
M = 90

4)
N = 40
P = 60
R = 20
S = 100

88쪽 66-67쪽을 위한 심화 학습

1.

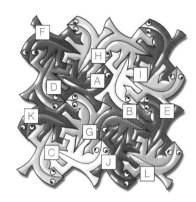

2.
※답의 순서는 바뀔 수 있습니다.

5 4 3 2 2	5 4 2 2 3	5 4 2 3 2	5 3 4 2 2
5 3 2 2 4	5 3 2 4 2	5 2 4 3 2	5 2 4 2 3
5 2 3 2 4	5 2 3 4 2	5 2 2 3 4	5 2 2 4 3

89쪽 68-69쪽을 위한 심화 학습

1.

2600	I	1810	R
3500	D	1940	L
3300	N	1780	A
2300	A	1840	O
2700	E	1960	I
		1500	C

2620	V
2510	L
3040	L
3230	O
2760	S

2920	I
1980	N
3950	N
2980	N
3930	O

1500	1780	1810	1840	1940	1960	1980	2300	2510	2600	2620	2700	2760
C	A	R	O	L	I	N	A	L	I	V	E	S

2920	2980	3040	3230	3300	3500	3930	3950
I	N	L	O	N	D	O	N

3 곱셈

90쪽

1. 8
6
12
16
10

2. 4
18
14
20
0

3. 9
21
6
12
18

4. 27
15
0
24
3

5. 8
32
0
12
28

6. 16
36
20
24
32

7. 30
15
10
50
20

8. 40
25
35
45
0

92쪽

1. $2 + 3 \overset{6}{\times} 2 = 8$

$(2 \overset{5}{+} 3) \times 2 = 10$

$8 + 2 \overset{4}{\times} 2 = 12$

$(8 \overset{10}{+} 2) \times 2 = 20$

$8 \overset{6}{-} 2 + 2 = 8$

3. $4 \overset{2}{\div} 2 + 5 \overset{20}{\times} 4 = 22$

$12 \div (3 \overset{6}{+} 3) \times 3 = 6$

$4 \times (4 \overset{2}{-} 2) \times 3 = 24$

$18 \overset{6}{\div} 3 - 15 \overset{3}{\div} 5 = 3$

$8 \overset{40}{\times} 5 + 3 \overset{27}{\times} 9 = 67$

2. $20 - 15 \overset{3}{\div} 5 = 17$

$(20 \overset{5}{-} 15) \div 5 = 1$

$20 + 15 \overset{3}{\div} 5 = 23$

$(20 \overset{35}{+} 15) \div 5 = 7$

$20 \overset{5}{-} 15 + 5 = 10$

4. $4 + 5 \overset{25}{\times} 5 + 2 = 31$

$(2 \overset{4}{+} 2) \times 3 + 7 = 19$

$30 - 3 \overset{21}{\times} 7 - 6 = 3$

$4 + 2 \times (9 \overset{7}{-} 2) = 18$

$(20 \overset{3}{-} 17) \times (36 \overset{33}{-} 3) = 99$

91쪽

9. 1) 3×4=12   **10.** 5×8=40
2) 2×3=6   **11.** 3×5=15

12. 26   **13.** 12   **14.** 4   **15.** 8
54   31   4   9
38   19   9   8
59   19   4   7

93쪽

5. 1) 식 : (3×5)+2=17
답 : 17€
2) 식 : 4+(4×5)=24
답 : 24€
3) 식 : (3×2)+(2×6)=18
답 : 18€
6. 식 : 20−(6×3)=2
답 : 2€
7. 식 : (5×5)−(5×4)=5
답 : 5€
8. 식 : (6×4)−(4×4)=8
답 : 8€

94쪽

1. 24
    0
  36
  48
  30

2. 21
  54
  42
  60
  28

3. 63
  49
  35
  56
  42

4. 3
  6
  8
  5
  8

5. 9
  6
  7
  7
  9

6. 3
  4
  5
  9
  8

7. 150
  350
  160
  270
  360

8. 280
    10
  500
  420
  560

95쪽

9. 식 : (6×4)+(2×6)=36 답 : 36

10. 식 : (7×4)+(5×2)=38
답 : 38

11. 식 : 4+(4×2)+(6×3)=30
답 : 30

12. 식 : (7×5)+(6×6)=71
답 : 71

96쪽

1. 80
  32
  48
  40
  72

2. 27
  36
  56
  54
  64

3. 63
  72
    0
  45
  63

4. 3
  4
  5
  5
  7

5. 8
  7
  9
  6
  8

6. 3
  6
  7
  8
  4

7. 480
  450
  320
  540
  540

8. 500
  300
  700
  320
  560

97쪽

9. 식 : 2×8=16
답 : 16

10. 식 : 9×8=72
답 : 72

11. 식 : (7×8)+12=68
답 : 68

12. 식 : (6×8)+2=50
답 : 50

13. 5
  9
  7
  9

14. 4
  8
  9
  6

15. 6
  8
  6
  7

16. 7
  8
  5
  9

98쪽

1. 150
  8300
  17000
  2870
  17500

2. 2000
  3000
  50000
  8000
  60000

3. 800
  1200
  1800
  1400
  3200

4. 1000
  3000
  2000
  4000
  2400

5. 8000
  18000
  28000
  20000
  30000

6. 330
  240
  2800
  3900
  3600

99쪽

7. 식 : 10+(10×8)=90

  답 : 90g

8. 식 : 11×7=77

  답 : 77km

9. 식 : 1000−(2×400)=200

  답 : 200g

10. 식 : 20×7+40×7=420

  답 : 420g

100쪽

1. 　4　　**4.** 500

  40　　　　70

  400　　　500

  60　　　　90

  6　　　　500

2. 　5　　**5.** 90

  50　　　　8

  500　　　90

  90　　　　7

  9　　　　60

3. 　8　　**6.** 50

  80　　　　70

  800　　　900

  70　　　　60

  7　　　　800

101쪽

7.

×	3	20	60	70	80	90
5	15	100	300	350	400	450
7	21	140	420	490	560	630
50	150	1000	3000	3500	4000	4500
70	210	1400	4200	4900	5600	6300
80	240	1600	4800	5600	6400	7200

8. 1) 100g　　**2)** 320g

  150g　　　　560g

  400g　　　　720g

  1kg 500g　　3kg 200g

102쪽

※학생들의 밑줄을 확인하면서 채점해 주세요.

1. 80　　**3.** 8000

  90　　　　7000

  54　　　　4000

  28　　　　7000

  54　　　　9000

2. 210　　**4.** 1800

  280　　　　2800

  80　　　　1200

  90　　　　6000

  160　　　　8000

103쪽

5. 식 : 600×2=1200

  답 : 1200m, 또는 1km 200m

6. 식 : 500×2×3=3000

  답 : 3000m, 또는 3km

7. 식 : 2×3×4=24

  답 : 24시간

8. 식 : 3000×2×4=24000

  답 : 24000m, 또는 24km

9.　$45 - \overset{8}{40} \div 5 = $　37　　**10.**　$2 + 6 \overset{36}{\times} 6 + 2 = $　40

　$(45 \overset{5}{-} 40) \div 5 = $　1　　　$(90 \overset{81}{-} 9) \div (3 \overset{9}{\times} 3) = $　9

　$7 \overset{42}{\times} 6 + 6 \overset{36}{\times} 6 = $　78　　$(10 \overset{8}{-} 2) \times 4 - 5 = $　27

　$56 \overset{8}{\div} 7 + 72 \overset{8}{\div} 9 = $　16　　$9 + 8 \times (12 \overset{7}{-} 5) = $　65

104쪽

1.

1)
```
    1 7 9
  ×     5
    8 9 5
```

2)
```
    5 0 6
  ×     6
  3 0 3 6
```

3)
```
    8 5 2
  ×     3
  2 5 5 6
```

4)
```
    4 5 6
  ×     8
  3 6 4 8
```

5)
```
    8 2 6
  ×     6
  4 9 5 6
```

6)
```
    6 6 4
  ×     7
  4 6 4 8
```

7)
```
    3 8 0
  ×     9
  3 4 2 0
```

8)
```
    7 7 8
  ×     7
  5 4 4 6
```

9)
```
    3 9 9
  ×     8
  3 1 9 2
```

105쪽

2.

1)
```
    3. 9 0
  ×       4
  1 5. 6 0
```
답 : 15€ 60c
또는 15.60€

3)
```
    4. 7 0
  ×       5
  2 3. 5 0
```
답 : 23€ 50c
또는 23.50€

```
    6. 8 0
  ×       3
  2 0. 4 0
```
답 : 20€ 40c
또는 20.40€

```
    2. 9 0
  ×       6
  1 7. 4 0
```
답 : 17€ 40c
또는 17.40€

42. 1) 2121
2) 2340
43. 1) 2112
2) 3033
44. 15−(2.70×4)=4.2, 4€ 20c 또는 4.20€
45. 15−{(3×2.80)+(4×0.95)}=2.80, 2€ 80c
또는 2.80€

106쪽

1.

1)
```
      2 1
  ×   7 9
    1 8 9
  + 1 4 7
  1 6 5 9
```

2)
```
      7 2
  ×   3 4
    2 8 8
  + 2 1 6
  2 4 4 8
```

3)
```
      8 2
  ×   2 3
    2 4 6
  + 1 6 4
  1 8 8 6
```

4)
```
      9 3
  ×   3 2
    1 8 6
  + 2 7 9
  2 9 7 6
```

5)
```
      4 1
  ×   7 6
    2 4 6
  + 2 8 7
  3 1 1 6
```

6)
```
      4 1
  ×   5 6
    2 4 6
  + 2 0 5
  2 2 9 6
```

7)
```
    2 2 2
  ×     4 1
    2 2 2
  + 8 8 8
  9 1 0 2
```

8)
```
    3 3 3
  ×     2 3
    9 9 9
  + 6 6 6
  7 6 5 9
```

107쪽

1.

1)
```
    2 2 0
  ×   1 2
    4 4 0
  + 2 2 0
  2 6 4 0
```
답 : 2kg 640g

3)
```
    6 4 0
  ×   1 2
  1 2 8 0
  + 6 4 0
  7 6 8 0
```
답 : 7kg 680g

2)
```
    4 3 0
  ×   1 2
    8 6 0
  + 4 3 0
  5 1 6 0
```
답 : 5kg 160g

4)
```
    7 4 0
  ×   1 2
  1 4 8 0
  + 7 4 0
  8 8 8 0
```
답 : 8kg 880g

46. 1) 736   **47. 1)** 4059
2) 1023   **2)** 8904

48. 1) 3060   **49. 1)** 5400
2) 3470   **2)** 6636

108쪽

1.
```
      2 3 4
  ×     4 5
    1 1 7 0  21
  + 9 3 6    11
  1 0 5 3 0
```

2.
```
      3 4 5
  ×     5 6
    2 0 7 0  32
  + 1 7 2 5  22
  1 9 3 2 0
```

3.
```
      5 6 7
  ×     6 7
    3 9 6 9  44
  + 3 4 0 2  44
  3 7 9 8 9
```

4.
```
      5 0 6
  ×     8 3
    1 5 1 8
  + 4 0 4 8
  4 1 9 9 8
```

5.
```
      7 1 8
  ×     9 2
    1 4 3 6  1
  + 6 4 6 2  71
  6 6 0 5 6
```

6.
```
      8 2 9
  ×     7 4
    3 3 1 6  31
  + 5 8 0 3  62
  6 1 3 4 6
```

7.
```
      7 7 6
  ×     3 8
    6 2 0 8  46
  + 2 3 2 8  12
  2 9 4 8 8
```

8.
```
      8 8 5
  ×     2 9
    7 9 6 5  47
  + 1 7 7 0  11
  2 5 6 6 5
```

9.
```
      9 9 4
  ×     4 6
    5 9 6 4  25
  + 3 9 7 6  13
  4 5 7 2 4
```

109쪽

공책에 연습하기

50. 1) 32×13=416, 416센트, 4.16€
2) 64×59=3776, 3776센트, 37.76€
3) 32×90+32×91=5792센트, 57.92€
51. 6×13+4×19=154, 154센트, 1.54€
52. 4×52+3×23=277, 277센트, 2.77€
53. (2.11×28)−(1.86×28)=7, 7€

110쪽

1.
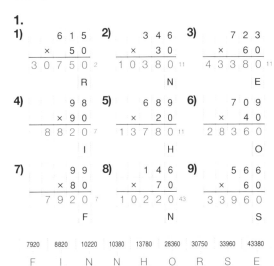

1)
```
    6 1 5
  ×   5 0
  3 0 7 5 0  2
        R
```

2)
```
    3 4 6
  ×   3 0
  1 0 3 8 0  11
        N
```

3)
```
    7 2 3
  ×   6 0
  4 3 3 8 0  11
        E
```

4)
```
      9 8
  ×   9 0
  8 8 2 0  7
      I
```

5)
```
    6 8 9
  ×   2 0
  1 3 7 8 0  11
        H
```

6)
```
    7 0 9
  ×   4 0
  2 8 3 6 0
        O
```

7)
```
      9 9
  ×   8 0
  7 9 2 0  7
      F
```

8)
```
    1 4 6
  ×   7 0
  1 0 2 2 0  43
        N
```

9)
```
    5 6 6
  ×   6 0
  3 3 9 6 0
        S
```

7920	8820	10220	10380	13780	28360	30750	33960	43380
F	I	N	N	H	O	R	S	E

111쪽

공책에 연습하기

54. 244×3=732, 732€
55. 10×29−244=46, 46€
56. 5×48−5×29=95, 95€
57. (304×2)−(273×2)=62, 62€
58. 1) 23450
2) 34560
59. 1) 54320
2) 34560

112쪽

1.

1)
```
    9 6 6
  ×   2 3
  2 8 9 8  11
+ 1 9 3 2    11
2 2 2 1 8  E
```

2)
```
    6 3 9
  ×   2 4
  2 5 5 6  31
+ 1 2 7 8    1
1 5 3 3 6  A
```

3)
```
    3 4 7
  ×   3 4
  1 3 8 8  21
+ 1 0 4 1    21
1 1 7 9 8  P
```

4)
```
    2 1 6
  ×   5 8
  1 7 2 8  41
+ 1 0 8 0    3
1 2 5 2 8  E
```

5)
```
    4 8 4
  ×   7 7
  3 3 8 8  25
+ 3 3 8 8    25
3 7 2 6 8  F
```

6)
```
    2 3 4
  ×   6 9
  2 1 0 6  33
+ 1 4 0 4    22
1 6 1 4 6  C
```

7)
```
    6 5 6
  ×   8 6
  3 9 3 6  33
+ 5 2 4 8    44
5 6 4 1 6  L
```

8)
```
    6 7 8
  ×   6 6
  4 0 6 8  44
+ 4 0 6 8    44
4 4 7 4 8  U
```

11798	12528	15336	16146	22218	37268	44748	56416
P	E	A	C	E	F	U	L

113쪽

2. 1) 참
2) 거짓
3) 참
4) 참
5) 거짓
6) 참
7) 거짓
8) 거짓

24

114쪽

🏠 예입니다.
학생들이 만드는 문제에 따라 답은 다양합니다.

1. 숲의 현인
허리띠

답 : 476€

```
      3 4
   ×  1 4
   ─────
    1 3 6
 +  3 4
 ─────
    4 7 6
```

2. 방랑자

$\left(\begin{array}{c}목도리\\배지\end{array}\right)$ 의 합은 6.85€

답 : 171.25€

```
       6. 8 5
    ×    2 5
    ──────
     3 4 2 5
 + 1 3 7 0
 ──────────
   1 7 1. 2 5
```

3. 허리띠
달리는 자매들

5×14+14×14=266

답 : 266€

```
      1 4
   ×  1 9
   ─────
    1 2 6
 +  1 4
 ─────
    2 6 6
```

115쪽

4. **1)** 안나
2) 스코트
3) 제프
4) 올리비아
5) 빅터
6) 윌리엄
7) 낸시
8) 자넷
9) 마이클
10) 마틴

116쪽

1.

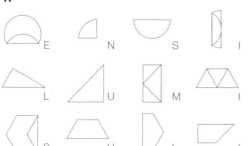

117쪽

※숫자의 순서는 바뀔 수 있습니다.

2. 1) 5, 8   **3. 1)** 2, 2, 2
   2) 6, 3   **2)** 3, 2, 1
   3) 8, 3   **3)** 3, 3, 2
   4) 10, 3   **4)** 2, 3, 4
   5) 25, 2   **5)** 2, 2, 5

118쪽   90-91쪽 숙제

1.	3.	5.
8	24	식 : 8×4-28=4
15	25	답 : 4€
21	28	
16	40	
12	30	

2.	4.
12	16
18	45
18	32
3	20
0	36

118쪽   92-93쪽 숙제

1.	3.	5.
18	7	
21	17	
30	12	
35	6	
36	3	

2.	4.
17	9
1	13
18	16
11	10
2	8

119쪽 94–95쪽 숙제

1. **1)** ㊱ (60) ㉔ ⑱ ㉚ ⑥ (54)
⑫ 28 64 ㊷ 56 ㊽ 20

2) ㉑ ㊷ ㉘ 45 (70) (56) ⑭
48 ⑦ ㉟ 54 (63) 32 ㊾

2. 50−(6×7)=8, 8€
3. 50−(2×7)=36, 36€
4. {46−(2×7)−(5×2)}÷2=11, 11cm

119쪽 96–97쪽 숙제

1. **1)** ㊽ ⑧ 36 (64) (80) ㊵ ⑯
(56) ㉜ 28 (72) 54 ㉔

2) ㊱ (63) 28 ⑨ (54) ⑱
(81) 32 ㊺ 49 (72) ㉗ (90)

2. 30+(6×8)=78, 78g
3. 75−(6×9)=21, 21g
4.

120쪽 98–99쪽 숙제

1. 180, 2400, 700, 6000, 4500
2. 9000, 6000, 9600, 8000, 4000
3. 1600, 1500, 2800, 1200, 4500
4. 1000, 4000, 3000, 2000, 2400
5. 57−(12×2)−(9×3)=6, 6cm

120쪽 100–101쪽 숙제

1. 6, 60, 600, 6, 60
2. 6, 60, 600, 8, 80
3. 700, 90, 600, 50, 900
4. 70, 50, 70, 90, 90
5.

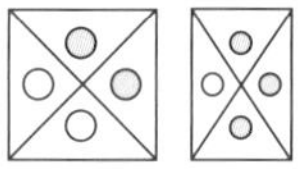

121쪽 102–103쪽 숙제

1. 80, 70, 60, 90, 50
2. 90, 140, 120, 160, 210
3. 600, 900, 300, 2000, 9000
4. 2000, 5000, 3000, 4000, 6000
5. (5×5×6)−11=139, 139개

121쪽 104–105쪽 숙제

공책에 연습하기

K24. **1)** 3222
2) 5222
K25. **1)** 1888
2) 3888
K26. 5×6.70=33.50, 33€ 50c 또는 33.50€
K27. 20−4×4.80=0.80, 0.80€또는 80c

1.

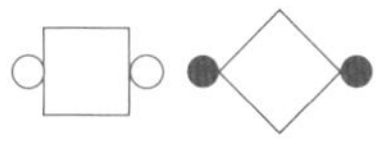

122쪽 106-107쪽 숙제

K28. 1) 1089
   2) 968
K29. 1) 7383
   2) 8904
K30. 10−3×1.80=4.60, 4€ 60c 또는 4.60€
K31. 24×120=2880, 2880g

1. (5×5×10)−16=234, 234개

122쪽 108-109쪽 숙제

K32. 1) 49998
   2) 38688
K33. 1) 44667
   2) 44688
K34. 6×0.75−6×0.60=0.90, 0.90€ 또는 90c
K35. 10−2×1.80−4×0.90=2.80, 2€ 80c 또는 2.80€

1. 1)   **2)**

123쪽 110-111쪽 숙제

K36. 1) 8880
   2) 23450
K37. 1) 29920
   2) 68880
K38. 149−57=92, 92€
K39. 55.50+(55.50−6.50)=104.50, 104€ 50c
   또는 104.50€

1. 1)   **2)**

123쪽 112-113쪽 숙제

K40. 1) 31144
   2) 77456
K41. 1) 65676
   2) 66661
K42. 32320−9876+7556=30000
K43. 8×(7666−6777)=7112
K44. 6161+7272−5454=7979

1. 1)   **2)**

124쪽 114-115쪽 숙제

K45. 1) 14445
   2) 36381
K46. 1) 44955
   2) 50505
K47. 27×(9222−5555)=99009
K48. 69000−14555+5555=60000
K49. 3939+6262−4444=5757

1. 1)   **2)**

125쪽 90-91쪽을 위한 심화 학습

1.

| 1. | 2. | 3. |

| 4. | 5. | 6. |

2.

1)
A = 4
B = 2
C = 8

3)
G = 2
H = 3
J = 5

2)
D = 2
E = 3
F = 6

4)
K = 3
L = 9
M = 6

126쪽 92-93쪽을 위한 심화 학습

127쪽 94-95쪽을 위한 심화 학습

1. **1)** 7cm   **2)** 2cm   **3)** 6cm

4) 10cm   **5)** 8cm   **6)** 4cm

2. **1)** (15-3)÷3= 4   **3)** 12-(12-6)= 6

2) 9×(3+2)= 45   **4)** (8×4)-(8+4)= 20

128쪽 96-97쪽을 위한 심화 학습

1.

1)
2

2)
2

3)
3

4)
4

2.

1)
6 × 3 + 10 = 28
6 × 4 + 6 = 30
6 × 2 + 13 = 25
6 × 5 + 21 = 51
4 × 4 + 8 = 24

7 × 2 − 5 = 9
7 × 4 − 19 = 9
7 × 3 − 12 = 9
7 × 5 − 26 = 9
5 × 5 − 16 = 9

6 × (4 + 1) = 30
3 × (5 + 3) = 24
9 × (7 − 4) = 27
7 × (6 − 3) = 21
4 × (2 + 6) = 32
8 × (9 − 3) = 48
9 × (1 + 3) = 36
6 × (4 + 5) = 54
7 × (2 + 6) = 56
9 × (9 − 2) = 63

129쪽 98-99쪽을 위한 심화 학습

1. **1)**

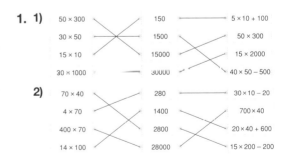

2)

2. **1)** △   **2)** ●   **3)** △   **4)**

130쪽 100-101쪽을 위한 심화 학습

1.

V E R Y

N I C E

2. 1) 8
4
8
6

2) 6
8
7
9

3) 7
1
6
7

4) 7
7
6
9

131쪽 102-103쪽을 위한 심화 학습

1.

1) $3×2×4=24$ **2)** $5×3×3=45$ **3)** $5×5×2=50$
4) $3×3×4=36$ **5)** $3×6×3=54$ **6)** $4×4×5=80$

2.

1) $6 × 3 + 4 × 5 = 38$ $9 + 3 - 3 × 2 = 6$

2) $6 × 6 - 5 - 5 = 26$ $9 - 6 + 9 - 6 = 6$

3) $3 × 7 - 7 - 7 = 7$ $(9 - 6) × (9 - 6) = 9$

4) $9 - 3 - 3 × 2 = 0$ $7 × (5 - 2) × 1 = 21$

5) $8 × 2 - 6 × 2 = 4$ $(4 + 3) × (4 - 3) = 7$

132쪽 104-105쪽을 위한 심화 학습

1. 1) △   **2)** ○   **3)** ●   **4)** ▲

2. 1) 150   **4)** 450
165   405
2) 350   **5)** 3000
385   2970
3) 1250   **6)** 2000
1375   1980

133쪽 106-107쪽을 위한 심화 학습

1.

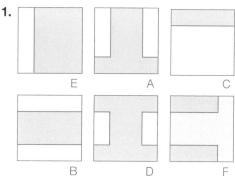

E   A   C

B   D   F

134쪽 108-109쪽을 위한 심화 학습

1.

	줄무늬		한 가지색	
긴 꼬리	휴고 밀리	페이 로즈	넬리 헤즐	모리스 피파
짧은 꼬리	클레오 몰리	도리스 키트	릴리 제이드	버드 페니

135쪽 110-111쪽을 위한 심화 학습

1.

ᴬ6	ᴮ4	ᶜ5			
ᴰ4	8	0			
ᴱ8	1		ᶠ9	4	ᴳ2
0		ᴴ9	ᴶ5		0
ᴷ8	0	ᴸ2		ᴹ4	9	0
	ᴺ7	ᴼ2			0
ᴾ8	9		ᴿ8		6	0
	ˢ2	0	ᵀ6		
ᵁ8	0	0			

2.

1)
3

2)
4

3)
4

4)
4

29

1. 1) 3€   **2)** 4€   **3)** 4€
2. 1) 5€   **2)** 5€   **3)** 6€
3.

A	B	A + B	A × B	A + A × B
3	2	3+2=5	3×2=6	3+3×2= 9
2	4	2+4=6	2×4=8	2+2×4=10
3	5	3+5=8	3×5=15	3+3×5=18
3	6	3+6=9	3×6=18	3+3×6=21
7	2	7+2=9	7×2=14	7+7×2=21

1.

23	A	27	A
45	D	37	P
28	C	44	E
19	S	24	B
5	A	31	T
81	L	30	K
8	T	26	L
48	T	56	I
2	S	4	O
9	H	43	P
11	A	3	T
32	I	54	A

```
2   3   4   5   8      9  11  19
S   T   O   A   T      H   A   S

23   24  26  27  28  30    31  32  37  43  44  45    48  54  56  81
A    B   L   A   C   K     T   I   P   P   E   D     T   A   I   L
```

4 도형

138쪽

1.

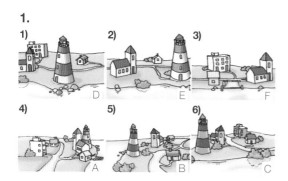

1) D 2) E 3) F
4) A 5) B 6) C

139쪽

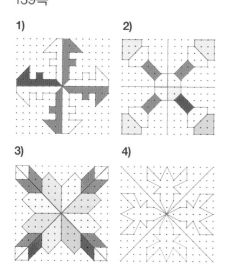

1) 2) 3) 4)

※ 예입니다. 점대칭, 선대칭, 회전대칭 모두 답이 가능하니, 학생의 답이 수학적 타당성이 있으면 맞다고 하시면 됩니다.

140쪽

1. **1)** A, E, F, G, H
   2) B, C, D, I

141쪽

2.

1) 2) 3) 4)

3.

1)

직각	B	D, E, F, G		
예각	A, C		H, I, J	K, M
둔각	—			L

2)

직각				T, S
예각	B, D		M, J	R
둔각	A, C	E, F, G, H, I	L, K	U

142쪽

1. 1) 2, 6, 10, 12, 15
   2) 3, 4, 5, 8, 14
   3) 1, 7, 9, 11, 13

143쪽

🏠 예입니다.
형태는 조건에만 맞으면 다양할 수 있습니다.

2.

1)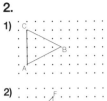

2)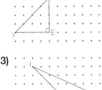

3)

3.

1)   **2)**

4.

1)   **2)**

5.

1)   **2)**

60.

61.

62.

63.

144쪽

1. 1) 1, 2, 3, 4, 5, 6, 7, 8, 9, 10, 11, 12, 13
모두 사다리꼴에 포함됩니다.

2) 2, 4, 5, 6, 7, 8, 9, 13

3) 2, 4, 5, 8, 9

4) 2, 4, 9

145쪽

64.

1) 26+26+26+26=104, 104m

2) 23+23+14+14=74, 74m

3) 12+15+19+5+7+10=68, 68m

4) 46+28+39+44=182, 182m

5) 68+39+12+19+17+41+63=259, 259m

146쪽

1.

	반지름	지름
원 K	12cm	24cm
원 L	25cm	50cm
원 O	60cm	120cm
원 P	45cm	90cm
원 R	75cm	1m 50cm

2. 30cm **5.** 24cm

3. 65cm **6.** 8cm

4. 8cm **7.** 4cm

147쪽

8.

1) 12cm

2) 12cm

3) 48cm

9.

1) 10cm

2) 20cm

3) 80cm

10.

1) 4cm

2) 16cm

3) 32cm

11.

1) 8cm

2) 16cm

3) 48cm

12.

1) 8cm

2) 24cm

3) 64cm

148쪽

1. 1) 바나나
　　2) 파인애플
　　3) 수박
　　4) 레몬
　　5) 콜리플라워
　　6) 당근
　　7) 파프리카
　　8) 서양배
　　9) 사과

149쪽

2.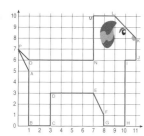

3.

(15, 1) (11, 4) (0, 5) (5, 3) (16, 2) (6, 4) (9, 5) (5, 1) (14, 3) (12, 2)
S,　T,　R,　A,　W,　B,　E,　R,　R,　Y

(1, 2) (4, 1) (10, 0) (1, 4) (2, 1) (8, 3)
T,　R,　E,　A,　T,　S

150쪽

1.

1) 8	**4)** 5
12	8
6	5
2) 4	**5)** 8
6	12
4	6
3) 6	**6)** 6
9	9
5	5

151쪽

2. 1) 4
　　2) 2
　　3) 1
　　4) 4, 6, 7
　　5) 3
　　6) 5
　　7) 8

153쪽

1. 1) A, R, T, I, S, T
　　2) P, A, T, E, N, T, E, D
　　3) E, L, E, C, T, R, I, C
　　4) T, E, L, E, G, R, A, P, H

2.
　　S　　O　　S

154쪽

1. 1)　　　**3)**

2)　　　**4)**

2.

※일부 그림의 모양은 다르게도 나타납니다.

1)　　　**3)**

2)　　　**4)**

155쪽

3.

1) 정사각형　4개	**2)** 정사각형　4개
3) 정사각형　6개	**4)** 정사각형　12개
5) 정사각형　14개	**6)** 정사각형　14개
7) 정사각형　8개	**8)** 정사각형　12개
9) 정사각형　12개	

156쪽 138−139쪽 숙제

1. 48
12
48
66
32

2. 2
1
8
6
9

3. 14
4
15
14
12

4. 37
68
69
99
59

5.
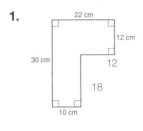

156쪽 140−141쪽 숙제

1. 68
77
97
69
69

2. 3
8
6
4
5

3. 18
29
32
14
21

4. 88
89
99
88
99

5.

157쪽 142−143쪽 숙제

1. 1)
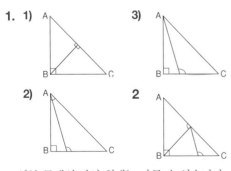

3)

2)

2

※일부 문제의 답안 형태는 다를 수 있습니다.

157쪽 144−145쪽 숙제

K50. 57×4=228, 228m
K51. 90×2+68×2=316, 316m
K52. 26×5=130, 130m

1.

22 cm
12 cm
30 cm
12
18
10 cm

104cm

158쪽 146−147쪽 숙제

1. 1) 45000
53000
32000
29000
80000

2) 45000
17000
44000
88000
11000

2. 1) 20cm
2) 30cm
3) 100cm

158쪽 148−149쪽 숙제

1.
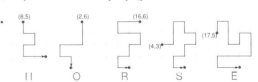

(8,5) (2,6) (16,6) (4,3) (17,5)

II   O   R   S   E

159쪽　150-151쪽 숙제

1. 1) 꼭짓점 6개
모서리 10개
면 6개

2) 꼭짓점 6개
모서리 12개
면 8개

2. 1) 33000
56000
77000
65000
84000

2) 38000
45000
54000
66000
77000

159쪽　152-153쪽 숙제

1.

1)

2)

3)

4)

2. 1) 73000
53000
27000
77000
63000

2) 84000
74000
32000
47000
66000

1.

A A	C Ɔ	D ᗡ	F ꟻ	H H
∀ ∀	Ɔ C	ᗡ D	ꟻ F	H H

J Ⴑ	K ꓘ	M M	N И	P ꟼ
Ⴑ J	ꓘ K	M M	И N	ꟼ P

Q Ò	R Я	S Ƨ	V V	Z Ƨ
Ò Q	Я R	Ƨ S	V V	Ƨ Z

2. 1) 21
2) 24
3) 15
4) 57
5) 56
6) 8

3. 1) 2
2) 9
3) 22
4) 25
5) 32
6) 0

1. 1) 3, 6, 8, 13
2) 1, 7, 10, 12, 17
3) 4, 5, 11, 16, 18
4) 2, 9, 14, 15

2. 1600
2800
1500
3000
5600

3. 4000
24000
27000
35000
24000

4. 1000
30000
26000
5000
19000

5. 60000
80000
60000
90000
40000

1. 1) 거짓
2) 참
3) 참
4) 거짓
5) 거짓
6) 거짓
7) 참

2. 1) 참
2) 참
3) 거짓
4) 참
5) 거짓
6) 참

3. 1) 35
2) 38
3) 21
4) 18
5) 5

4. 1) 45
2) 50
3) 82
4) 2
5) 26

1.

🏠 **예** 답은 다양하게 나올 수 있습니다.

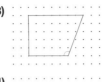

2. 1) 참 　**3.** 1) 참
　　2) 참 　　　2) 참
　　3) 거짓 　　3) 거짓
　　4) 거짓 　　4) 거짓
　　5) 참 　　　5) 거짓

1. 9

2.

3. 3 × 50 = 150　　6 × 40 = 240　　4 × 90 = 360
　　5 × 90 = 450　　9 × 30 = 270　　8 × 80 = 640
　　6 × 60 = 360　　7 × 60 = 420　　9 × 90 = 810
　　7 × 40 = 280　　5 × 80 = 400　　7 × 70 = 490
　　6 × 80 = 480　　7 × 90 = 630　　7 × 50 = 350
　　9 × 60 = 540　　8 × 70 = 560　　9 × 80 = 720

1. 1) 독수리 　**3.** 1) 코알라
　　2) 사자 　　　2) 순록

2. 1) 원숭이 　**4.** 순록
　　2) 물개

1.	**2.**	
1) D	1) 235	3) 230
F	423	4700
D	608	7000
2) A	302	360
E	917	4200
C	811	7200
3) D	2) 513	4) 900
E	716	1800
D	412	3000
	814	300
	605	500
	503	600

1.

$2 \times 40 + 14 =$ 94 O　　$7 \times 20 + 54 =$ 194 E　　$6 \times 90 + 32 =$ 572 U

$3 \times 80 + 16 =$ 256 V　　$2 \times 30 + 36 =$ 96 Y　　$4 \times 70 - 23 =$ 257 A

$4 \times 40 - 12 =$ 148 S　　$3 \times 90 - 25 =$ 245 A　　$5 \times 40 + 92 =$ 292 E

$4 \times 90 - 15 =$ 345 R　　$6 \times 70 + 61 =$ 481 O　　$9 \times 90 + 16 =$ 826 S

$3 \times 50 - 13 =$ 137 U　　$5 \times 90 - 42 =$ 408 S　　$5 \times 80 + 79 =$ 479 H

$7 \times 80 + 17 =$ 577 E　　$9 \times 80 + 73 =$ 793 E　　$8 \times 80 - 32 =$ 608 T

$7 \times 70 - 28 =$ 462 L　　$3 \times 30 - 34 =$ 56 D

$6 \times 50 + 94 =$ 394 O　　$5 \times 50 - 48 =$ 202 E

$8 \times 60 - 37 =$ 443 I　　$9 \times 70 + 55 =$ 685 T

$6 \times 30 - 64 =$ 116 O　　$6 \times 60 - 53 =$ 307 O

$3 \times 70 + 56 =$ 266 S　　$5 \times 70 + 39 =$ 389 W

$4 \times 80 + 42 =$ 362 T

56	94	96	116	137	148	194	202
D	O	Y	O	U	S	E	E

245	256	257	266	292	307	345	362	389	394
A	V	A	S	E	O	R	T	W	O

408	443	462	479	481	572	577	608	685	793	826
S	I	L	H	O	U	E	T	T	E	S ?

5 복습과 응용

168쪽

1.

34 + 18 =	52	R	130 – 12 =	118	G	60 + 70 =	130	O
17 + 18 =	35	L	121 + 31 =	152	I	150 – 12 =	138	O
97 – 22 =	75	E	180 – 11 =	169	N	62 – 35 =	27	I
98 – 17 =	81	S	110 – 13 =	97	M	31 + 61 =	92	L
43 + 26 =	69	R	146 + 31 =	177	G	74 – 45 =	29	D

30 + 80 =	110	E	28 – 13 =	15	B	91 – 48 =	43	E
90 + 50 =	140	M	83 – 16 =	67	A	103 + 22 =	125	R
101 + 11 =	112	T	99 – 13 =	86	H			
41 – 19 =	22	R	99 – 27 =	72	N			
71 – 16 =	55	Y	53 + 25 =	78	S			
63 + 26 =	89	E	41 + 23 =	64	H			

15	22	27	29	35	43	52	55
B	R	I	D	L	E	R	Y

64	67	69	72	75	78	81
H	A	R	N	E	S	S

86	89	92	97	110	112
H	E	L	M	E	T

118	125	130	138	140	152	169	177
G	R	O	O	M	I	N	G

170쪽

1.

59900	H	59900	H	61200	E
61200	E	61200	E	63400	Y
59300	D	59700	A	61200	E
60700	G	62900	R	63900	S
61200	E	64400	I	64400	I
59900	H	64100	N	60300	G
61800	O	64600	G	59900	H
59100	G			64900	T
63900	S	63800	B		
		63200	U		
59900	H	64900	T		
61700	A				
59400	V	62100	P		
61200	E	61800	O		
		64300	O		
60500	A	62900	R		
62400	C				
63200	U				
64900	T				
61200	E				

169쪽

2. ○△ △○ □△
   ▲ ▲ ▲

3. ↕ ↔ □ ▽ + ×
   ⤢ ☑ ✳

4.

A	E	K	O	R	V
	C		M		T

5.

월요일 금요일	일요일 목요일	금요일 화요일
수요일	화요일	일요일

6.

1월 5월	2월 6월	3월 7월
3월	4월	5월

공책에 연습하기

65. 482
66. 7640
67. 6855
68. (78+85)×2=326€
69. 200–99–86=15€
70. 4×(59+75)=536€

171쪽

2.

1)
```
    1 1 1
  1 3 4 5 8
+   4 5 7 9
─────────────
  1 8 0 3 7
```

2)
```
  1 3 4 4 5
─   9 8 7 5
─────────────
    3 5 7 0
```

공책에 연습하기

71.

1) 19100, 19099, 18990, 18989, 18908, 18899

2) 37010, 37000, 36703, 36666, 36660, 36630

3) 79900, 78999, 78990, 78950, 78905, 77999

72.

1) 19000, 19500, 20000

2) 34600, 34800, 35000

3) 58200, 58500, 58800

4) 89400, 89800, 90200

172쪽

1. 50
40
80
70

5. 320
350
300
270

2. 1000
1060
90
80

6. 81
56
28
81

3. 600
600
5000
4000

7. 120
360
500
1500

4. 200
0
100
200

173쪽

8.

△ = 5 ◆ = 7

▽ = 6 ☆ = 4

● = 3 ■ = 9

공책에 연습하기

73. 55€−2×25€=5€

74. 1) 0.90×4+2.50=6.10, 6€10c 또는 6.10€

2) 0.90×5+2.50×2=9.5, 9€ 50c 또는 9.50€

75. 670×2−280×4=220, 220g

76. 40−0.90×3−35=2.3, 2€ 30c 또는 2.30€

174쪽

1.

1)
```
  8 0 8 0
─ 6 9 6 9
─────────
  1 1 1 1
```

2)
```
  7 0 0 5
─   6 7 7
─────────
  6 3 2 8
```

3)
```
  9 0 0 0 1
─ 7 7 0 0 2
───────────
  1 2 9 9 9
```

4)
```
  8 1 0 0 5
─   9 9 9 9
───────────
  7 1 0 0 6
```

2.

1)
```
  8 3 8 8 0
+ 1 3 6 6 6
───────────
  9 7 5 4 6
```

2)
```
  5 2 7 8 9
+ 4 7 2 1 0
───────────
  9 9 9 9 9
```

3)
```
      7 8 9
×         5
───────────
    3 9 4 5
```

4)
```
      9 8 7
×         9
───────────
    8 8 8 3
```

3.

1)
```
      3 4 7
×     2 8
───────────
    2 7 7 6
+   6 9 4
───────────
    9 7 1 6
```

2)
```
      5 8 9
×     3 2
───────────
    1 1 7 8
+ 1 7 6 7
───────────
  1 8 8 4 8
```

3)
```
      9 8 7
×     7 6
───────────
    5 9 2 2
+ 6 9 0 9
───────────
  7 5 0 1 2
```

175쪽

※일부 문제에서 숫자의 순서는 바뀔 수 있습니다.

4. ⬚4 ⬚5 ⬚6 ⬚7

5 × 6 − 4 × 7 =2

5 + 7 −(4 + 6)=2

5 − 4 + 7 − 6 =2

5 +(7 − 6)− 4 =2

5. ⬚2 ⬚4 ⬚6 ⬚8

8 + 2 − 4 − 6 =0

(2 + 6 + 8)÷ 4 =4

6 × 4 ÷(8 − 2)=4 또는 4 × 2 ÷(8 − 6)=4

4 × 8 ÷(6 + 2)=4

77. 7560
78. 38280
79. 52525
80. 28282
81. 34€ 30c 또는 30.30€
82. 33€ 75c 또는 33.75€
83. 2150g 또는 2kg 150g
84. 325g

176쪽

1. 2000−1899=101, 101년
2. 2016−1908=108, 108년
3. 10주
4. 32주

5.

연도	등록된 강아지들		
1993	3457	=	약 3500
1994	2842	=	약 2800
1995	2688	=	약 2700
1996	2022	=	약 2000
1997	1935	=	약 1900
1998	1792	=	약 1800
1999	1728	=	약 1700
2000	1680	=	약 1700
2001	1607	=	약 1600
2002	1633	=	약 1600
2003	1758	=	약 1800

177쪽

6.

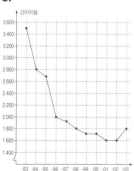

85. 15959
86. 9944
87. 11211
88. 55999
87. 2×2×16=64, 64시간
90. (3500×2)×7=49000, 49000m 또는 49km
91. 450×31=13950, 13950g 또는 13kg 950g

178쪽

92. 1) 1000	**96.** 1) 2112	**100.** 1) 3355
2) 2000	2) 2002	2) 4455
93. 1) 1669	**97.** 1) 34567	**101.** 1) 8765
2) 669	2) 80080	2) 9666
94. 1) 4994	**98.** 1) 3456	**102.** 1) 6636
2) 2233	2) 68886	2) 4300
95. 1) 4004	**99.** 1) 46424	**103.** 1) 45678
2) 2800	2) 44040	2) 87654

104. 1) 3736	**108.** 1) 76540	**112.** 1) 5550
2) 5656	2) 72222	2) 8500
105. 1) 7272	**109.** 1) 78888	**113.** 1) 19110
2) 38038	2) 99990	2) 26400
106. 1) 12123	**110.** 1) 88131	**114.** 1) 44660
2) 35400	2) 76668	2) 29400
107. 1) 53388	**111.** 1) 84344	**115.** 1) 36330
2) 69979	2) 88333	2) 84999

116. 1) 36360	**120.** 1) 25025
2) 44133	2) 39949
117. 1) 21000	**121.** 1) 575
2) 21000	2) 7337
118. 1) 9900	**122.** 1) 99001
2) 50050	2) 3344
119. 1) 95000	**123.** 1) 44004
2) 93300	2) 55432

사진 출처

9쪽 핀란드의 석기 시대 마을 사진을 구할 수가 없어서 서울 강동구 암사동의 선사유적지 사진으로 대체하였습니다.
　　촬영을 허락해 주신 선사유적지 측에 감사의 인사를 드립니다.

13쪽, 17쪽 photo by 안영수

16쪽, 79쪽 photo by 양숙희

20쪽 photo by 위키피디아 사진 Eric Ward

44쪽 위키피디아 사진 Lukasz Lukasik

53쪽 뽀르보오, photo by 윤진현, 현재 헬싱키 대학 재학 중

　　휘빈까 위키피디아 사진 Fransvannes

　　하메엔린나 위키피디아 사진 Matthewross

　　요엔수 위키피디아 사진 Tuohirulla

　　야르벤빠아 위키피디아 사진 Pihka

　　꼭까 위키피디아 사진 MKFI

　　미켈리 위키피디아 사진 Samulili Samuli Lintula

　　라우마 위키피디아 사진 Oh1qt

　　바아사 위키피디아 사진 El Ucca

57쪽 위키피디아 사진 Nevit Dilmen

58쪽 베시꼬 잠수함 위키피디아 사진 Bin im Garten

59쪽 삼포 쇄빙선 위키피디아 사진 Kat

91쪽, 103쪽 photo, 연합뉴스

98쪽 위키피디아 사진 kallerna

99쪽 위키피디아 사진 Alma

106쪽 위키피디아 사진 Trachemys

132쪽 위키피디아 사진 Gino maccanti

153쪽 위키피디아 사진 Cygnis insignis

168쪽 위키피디아 사진 Daniel Vaulot

172쪽 위키피디아 사진 Chipsdeluxe

173쪽 위키피디아 사진 Chatterie des Millenovæ, 위키피디아 사진 Cindy See

176쪽 위키피디아 사진 Wim harwig

177쪽 위키피디아 사진 SaNtINa_kIKs

178쪽 위키피디아 사진 Lleyn

도움주신 분들

그 외에 핀란드 사진 제공 : 김한태(현재 아주대 의학전문대학원 재학 중)
핀란드어 독음 : 김정선(핀란드 라플란드, 로바니에미의 산타마을 교민)
　　　　김미경(www.finnko.com)

이외에도 이름을 밝히지 못한 도움주신 많은 분들께 감사의 인사를 드립니다.